FORSCHUNGSBERICHTE DES LANDES NORDRHEIN-WESTFALEN

Nr. 1325

Herausgegeben
im Auftrage des Ministerpräsidenten Dr. Franz Meyers
von Staatssekretär Professor Dr. h. c. Dr. E. h. Leo Brandt

DK 661.63:661.68:66.046

Prof. Dr. Gerhard Fritz

Anorganisch-Chemisches Institut der Universität Münster,
jetzt: Institut für Anorganische Chemie und Analytische Chemie der Universität Gießen

Untersuchungen an Silicium-methylenen und Silicium-Phosphor-Verbindungen

WESTDEUTSCHER VERLAG · KÖLN UND OPLADEN 1964

ISBN 978-3-663-06500-5 ISBN 978-3-663-07413-7 (eBook)
DOI 10.1007/978-3-663-07413-7

Verlags-Nr. 011325

Gesamtherstellung: Westdeutscher Verlag

Inhalt

Einleitung

In den vergangenen Jahren ist über die Pyrolyse des $Si(CH_3)_4$ und der Methylchlorsilane eine Anzahl von Silicium-methylenen (Gerüst alternierender Si- und C-Atome) bekanntgeworden, unter denen zunächst nur die einfachsten Verbindungen gefaßt werden konnten. Die Untersuchung dieses Gebietes erforderte die Ausarbeitung von geeigneten Trennverfahren und Analysenmethoden, um Voraussetzungen für eine aussichtsreiche Weiterführung dieser Arbeiten zu schaffen. Ebenso ist für verschiedene Strukturfragen die schrittweise metallorganische Synthese unumgänglich. Die vorliegende Darstellung der Forschungsergebnisse ist so angeordnet, daß im ersten Abschnitt Untersuchungen über Trennmethoden und Gruppenbestimmungen, im zweiten Ergebnisse über die Pyrolyse des $Si(CH_3)_4$ und der Methylchlorsilane, im dritten Wege der metallorganischen Synthese von ringförmigen Silicium-methylenen (Cyclocarbosilane) beschrieben werden. Im vierten Abschnitt wird über Untersuchungen an Silicium-Phosphor-Verbindungen berichtet.

I. Über die gaschromatographische Trennung von Silicium-Verbindungen und die Bestimmung der SiH- und SiC_6H_5-Gruppe

Fast alle Reaktionen, die eine Bildung von Siliciumverbindungen ermöglichen, führen nicht zu einer einheitlichen Verbindung, sondern zu Gemischen verwandter Substanzen. Das gilt besonders bei der Gewinnung der verschiedenen Silicium-methylen-Verbindungen bei der Pyrolyse des $Si(CH_3)_4$ und der Methylchlorsilane. Um eine vollständige Untersuchung dieser Reaktion überhaupt beginnen zu können, mußten geeignete Trennverfahren ausgearbeitet werden. Es wurden deshalb zunächst die Möglichkeiten einer gaschromatographischen Trennung verschiedener Siliciumverbindungen mit reaktionsfähigen Gruppen untersucht [1]. Die Schwierigkeiten liegen zum Teil in der hohen Reaktionsfähigkeit der Siliciumverbindungen. Durch reine Adsorption war keine Trennung der verschiedenen Chlorsilane zu erreichen. Dagegen lassen sich Gemische aus H_3SiCl, $(CH_3)_2SiH_2$, H_2SiCl_2, $Si(CH_3)_4$, $HSiCl_3$, $SiCl_4$, $(CH_3)_3SiCl$, CH_3SiCl_3, $(CH_3)_2SiCl_2$, $(C_2H_5)_2SiHCl$, $(C_2H_5)_3SiH$ auf Säulen aus Diäthylphthalat, Siliconöl, Kieselgur 60:20:100 mit H_2 als Trägergas bei 30 bzw. 60°C quantitativ trennen. Gemische der Verbindungen $(CH_3)_2SiCl(CH_2Cl)$, $[(CH_3)_3Si]_2CH_2$, $(CH_3)_2SiCl(CHCl_2)$, $CH_3(CHCl_2)SiCl_2$, $(Cl_3Si)_2CH_2$ sind auf einer Säule aus Siliconöl, Kieselgur 30:100 mit H_2 als Trägergas bei 150°C zu trennen. Die Identifizierung der einzelnen Verbindungen erfolgt durch Wärmeleitfähigkeitsmessung. Es wurden die relativen Retentionsvolumina der Verbindungen angegeben, so daß bei Verwendung einer Bezugssubstanz eine einfache Identifizierung der Verbindungen in Gemischen möglich ist.

Mit der Entwicklung der Chemie des Siliciums steigt das Bedürfnis nach einfach durchzuführenden Methoden der Gruppenbestimmung. Eine Grundlage für eine Si-Phenyl- und SiH-Bestimmung bietet die Umsetzung mit Halogen. Im $C_6H_5Si(CH_3)_3$ läßt sich die SiC_6H_5-Gruppe mit Brom und Jod spalten [2], wobei $(CH_3)_3SiX$ und C_6H_5X (X = Br, J) mit guter Ausbeute zu isolieren sind. Die Festigkeit der Si-Phenyl-Gruppe ist von der Natur der Substituenten abhängig. Sie verstärkt sich mit zunehmend negativer Substitution am Si-Atom, wie aus spektroskopischen [3] und chemischen [4] Untersuchungen hervorgeht. Eine Bestimmung dieser Gruppe setzt voraus, daß die Reaktion

$$\rangle Si{-}C_6H_5 + Br_2 = \rangle SiBr + C_6H_5Br \qquad (1)$$

quantitativ verläuft.

Auch die SiH-Gruppe reagiert mit Halogenen. So läßt sich z.B. Siloxen zu Bromsiloxenen [5], $C_6H_5SiH_3$ zu $C_6H_5SiBr_3$ [6] bromieren. Dies veranlaßte die Ausarbeitung einer Bestimmung der SiH-Gruppe auf Grund der Reaktion

$$\rangle SiH + X_2 = \rangle SiX + HX \qquad (2)$$

Die Festigkeit der SiH-Gruppe ist ebenfalls von den übrigen Substituenten am Si-Atom abhängig und erhöht sich mit deren Elektronegativität [3], [4]. Daher kommt für eine allgemeiner anwendbare Bestimmungsmethode die Umsetzung mit Jod wegen der geringen Reaktionsfähigkeit kaum in Betracht. $HSiCl_3$ reagiert nicht mit Jod [7], $(C_6H_5)_2SiHCl$ entfärbt J_2 nur sehr langsam in der Siedehitze [8]. Außerdem treten bei den mit Jod reagierenden SiH-haltigen Phenylsilanen Spaltungen mit dem gebildeten HJ auf [4]. Dagegen bietet die Umsetzung mit Brom die Möglichkeit einer Bestimmung der SiH-Gruppe nach Gl. (2), da hier die Reaktionsgeschwindigkeit genügend hoch ist und die unerwünschten Nebenreaktionen zurücktreten.

Sowohl die Si—C_6H_5- als auch die Si—H-Gruppe lassen sich mit Brom nach Gl. (1) und (2) quantitativ bestimmen, wenn man die Spaltung mit einer bekannten Brom—Eisessig-Lösung so vornimmt, daß kein Brom entweicht und das überschüssige Brom maßanalytisch ermittelt wird nach

$$Br_2 + 2\,KJ \longrightarrow 2\,KBr + J_2$$

$$J_2 + 2\,S_2O_3^{2-} \longrightarrow 2\,J^- + S_4O_6^{2-}$$

Die beiden Gruppen reagieren verschieden schnell. Während sich die SiH-Gruppe mit Brom bei Raumtemperatur in wenigen Minuten quantitativ umsetzt, erfolgt die vollständige Spaltung der Si—C_6H_5-Gruppe erst mit siedender Brom—Eisessig-Lösung. Dies ermöglicht eine Bestimmung der beiden Gruppen in der gleichen Molekel z. B. im $(C_6H_5)_2SiH_2$ in der Weise, daß man bei Zimmertemperatur die SiH-Gruppe titriert, in einer zweiten Einwaage den Bromverbrauch nach Erhitzen der Lösung ermittelt und aus der Differenz den Bromverbrauch für die Si—Phenyl-Gruppe gewinnt. In Phenylsilanen mit mehreren SiH-Gruppen wird durch deren Bromierung die Si-Phenyl-Gruppe so fest gebunden, daß die Spaltung mit Brom nicht mehr quantitativ verläuft. Diese Schwierigkeit läßt sich dadurch umgehen, daß man bei der Phenylbestimmung nach Einwirkung der Brom—Eisessig-Lösung (Bromierung der SiH-Gruppen) Wasser zusetzt und aufkocht. Dabei bilden sich Siloxan-Bindungen. Der Sauerstoff vermag die Si—Phenyl-Gruppe nur weniger zu festigen, so daß damit die Spaltung erleichtert wird und richtige Werte für die Si—Phenyl-Gruppe zu erhalten sind. In den meisten Fällen liefert diese einfach zu handhabende Bestimmungsmethode gute Werte. Auftretende Schwierigkeiten sind durch die Natur der Substituenten am Si-Atom bedingt und lassen sich meist durch geeignete Hydrolyse umgehen [9].

II. Zur Bildung von Silicium-methylenen bei der Pyrolyse des $Si(CH_3)_4$ und der Methylchlorsilane CH_3SiCl_3, $(CH_3)_2SiCl_2$, $(CH_3)_3SiCl$

Bei der kinetischen Untersuchung des thermischen Zerfalls von $Si(CH_3)_4$ (700° C, längere Zersetzungszeiten) stellten HELM und MACK [10] eine Zersetzung in Silicium, H_2, CH_4 und niedere Kohlenwasserstoffe fest und nahmen als Primärschritt des Zerfalls die Reaktion $Si(CH_3)_4 \rightarrow (CH)_3\dot{S}i + \dot{C}H_3$ (1) an. Nach Versuchen zur pyrochemischen Bildung von Siliciumverbindungen von FRITZ und RAABE [11] tritt bei der Pyrolyse des $Si(CH_3)_4$ um 700° C und einer Zersetzungszeit von einigen Minuten die Abscheidung von Silicium praktisch völlig zurück, und es entstehen vorwiegend komplizierter gebaute Siliciumverbindungen mit Si—C—Si-Gruppen. Die Verteilung der Verbindungen im Pyrolysegemisch wird durch Zersetzungstemperatur und Verweilzeit im Reaktionsgefäß so beeinflußt, daß mit höherer Temperatur und längerer Reaktionszeit die höher-molekularen, unlöslichen Produkte begünstigt werden. Zur Erklärung der Bildung dieser Verbindungen wurde von uns zusätzlich zu dem oben erwähnten Zerfallschema die Reaktion $(CH_3)_3Si—CH_3 \rightarrow (CH_3)_3Si—\dot{C}H_2 + H$ (2) bzw. $(CH_3)_3Si—CH_3 + \dot{C}H_3 \rightarrow (CH_3)_3Si—\dot{C}H_2 + CH_4$ angenommen, so daß aus diesen Vorgängen die zum Aufbau des Si—C—Si-Gerüstes, z. B. $(CH_3)_3Si—CH_2—Si(CH_3)_3$ erforderlichen Radikale vorhanden sind. Die präparative Gewinnung der Pyrolyseprodukte ließ sich durch eine kontinuierlich über längere Zeit geführte Pyrolyse ermöglichen. Es konnten bereits einige relativ leicht abtrennbare Silicium-methylen-Verbindungen untersucht werden, denen teilweise eine ringförmige Strukturformel zukommt (Cyclocarbosilane). Um eine fundiertere Vorstellung von der Bildung dieser Verbindungen zu erhalten, ist zunächst die Kenntnis der niedermolekularen Reaktionsprodukte erforderlich. Es war deshalb das Ziel der Untersuchung, nach Darstellung größerer Mengen von Zersetzungsprodukten durch eine kontinuierlich geführte Pyrolyse des $Si(CH_3)_4$ (nur so sind größere Mengen an Reaktionsprodukten zu erhalten) alle gasförmigen und bei Normaldruck destillierbaren Verbindungen mit Hilfe gaschromatographischer und chemischer Methoden zu erfassen, ihren Anteil am gesamten Reaktionsprodukt zu bestimmen und die Strukturformeln wenigstens aller häufiger auftretenden Verbindungen zu sichern, um damit unsere Kenntnisse über Silicium-methylen-Verbindungen zu erweitern und einen Einblick in den Bildungsmechanismus der ringförmigen Verbindungen zu erhalten.

Bei der Pyrolyse wurden etwa vier Liter an flüssigen Reaktionsprodukten erhalten. Durch Rektifikation ließen sich daraus XXVIII Fraktionen in einem Siedebereich von 54° C (760 mm Hg) bis 280° C (Hg-Pumpen-Vak.) abtrennen. Nach der gaschromatographischen Untersuchung erhalten die Fraktionen II bis XXII 45 verschiedene Verbindungen [12], [13]. Ihr jeweiliger Anteil am Gesamtprodukt liegt zwischen 0,01 und 10%. Nur 12 von diesen Substanzen sind zu mehr als 1% im Reaktionsgemisch enthalten, 9 zwischen 0,5 und 1%, 11 zwischen 0,5 und 0,1% und 13 unter 0,1%. Diese 45 Verbindungen stellen 52,9% (1590 ml) des gesamten Pyrolyseproduktes dar. 47,1% des Reaktionsgemisches bestehen aus höheren Si-Verbindungen. Ein gaschromatographischer Vergleich mit Produkten aus einer früheren Darstellung ergibt Übereinstimmung mit den jetzt erhaltenen. In den flüssigen Fraktionen finden sich noch niedere Kohlenwasserstoffe bis zum Hexan, aber ihr Anteil liegt prozentual sehr niedrig. Benzol

Tab. 1 Verbindungen aus der Pyrolyse des $Si(CH_3)_4$

Verbindungen	Anteil am gesamten Pyrolyseprodukt (Vol.-%)
1. Benzol	0,9
2. $(CH_3)_3Si—CH_2—SiH(CH_3)_2$	2,4
3. $(CH_3)_2Si\langle^{CH_2}_{CH_2}\rangle Si(CH_3)_2$	3,2
4. $(CH_3)_3Si—CH_2—Si(CH_3)_3$	6,9
5. $Si_2C_7H_{16}$	0,7
6. $C_6H_5Si(CH_3)_3$	5,6
7. $(CH_3)_2$ Si H_2C CH_2 $(CH_3)_2Si$ $Si(CH_3)_2$; CH_2 H CH_3 Si H_2C CH_2 $(CH_3)_2Si$ $Si(CH_3)_2$ CH_2 u. $[(CH_3)_3Si—CH_2]_2Si(CH_3)_2$	zus. 7,5
8. CH_3 Si CH_2 H_2C Si CH_2 CH_2 CH_2 H_3C Si CH_3 Si CH_3 CH_2	10,1

ist mit 0,9% am Gesamtprodukt der häufigste flüssige Kohlenwasserstoff. Alle höheren Fraktionen enthalten Silicium-Verbindungen zunehmender Molekelgröße mit mehreren Si-Atomen. Die wesentlichsten Verbindungen der untersuchten Fraktionen sind in Tab. 1 zusammengestellt.
Davon werden die Verbindungen 3, 5, 6, 8 erstmalig bei der Pyrolyse des $Si(CH_3)_4$ beschrieben. Die Strukturformeln der schon bei unserer früheren Untersuchung abgeleiteten Verbindungen 2, 4, 7 werden vollständig gesichert. Zur Ermittlung der Strukturformeln wurden Ergebnisse chemischer, gaschromatographischer und massenspektrometrischer Untersuchungen sowie die IR-Spektren herangezogen.
Die gasförmigen Pyrolyseprodukte sind hauptsächlich Wasserstoff und Methan. Daneben bilden sich in geringerem Umfang Äthan, Äthylen, Propan, Propylen, SiH_4, Di- und Trimethylsilan. Während der Anteil der Kohlenwasserstoffe vom Methan zum Hexan hin abnimmt, steigt der Anteil der Si-haltigen Verbindungen vom SiH_4 zu den höheren stark an.

Schon früher wurde erwähnt, daß die Bildung des Grundkörpers nach

$$(CH_2)_3Si{-}\dot{C}H_2 + \dot{S}i(CH_3)_3 \rightarrow (CH_3)_3Si{-}CH_2{-}Si(CH_3)_3$$

erfolgen dürfte. Die bevorzugte Bildung der höheren, ringförmig gebauten Siliciummethylenverbindungen, z. B. des Si-hexamethyl-cyclocarbosilans, blieb jedoch schwer zu verstehen. Von besonderer Bedeutung erscheint uns daher die Isolierung des $Si_2C_6H_{16}$, Verbindung 3, Tab. 1. Die Verbindung gibt einen weiteren Einblick in diese Reaktionen. Ihre Bildung ist im Anschluß an Reaktion (2) denkbar nach

$$(CH_3)_3Si{-}\dot{C}H_2 \rightarrow (CH_3)_2\dot{S}i{-}\dot{C}H_2 + \dot{C}H_3$$

und

$$\begin{array}{l} (CH_3)_2\dot{S}i{\diagup}\dot{C}H_2 \\ H_2\dot{C}{\diagup}\dot{S}i(CH_3)_2 \end{array} \rightarrow (CH_3)_2Si\begin{array}{c} \diagup CH_2 \diagdown \\ \diagdown CH_2 \diagup \end{array}Si(CH_3)_2$$

Über das $(CH_3)_2\dot{S}i{-}\dot{C}H_2$-Radikal wird die Bildung des Sechsringes verständlich nach

$$\begin{array}{ccc} & (CH_3)_2 & \\ & \dot{S}i & \\ & \diagdown & \\ H_2\dot{C} & & \dot{C}H_2 \\ | & & \\ (CH_3)_2\dot{S}i & & \dot{S}i(CH_3)_2 \\ & \diagup & \\ & H_2\dot{C} & \end{array} \rightarrow \begin{array}{ccc} & (CH_3)_2 & \\ & Si & \\ & \diagup\diagdown & \\ H_2C & & CH_2 \\ | & & | \\ (CH_3)_2Si & & Si(CH_3)_2 \\ & \diagdown\diagup & \\ & CH_2 & \end{array}$$

Wieweit über das Radikal $(CH_3)_2Si—CH_2$ als Zwischenverbindung $(CH_3)_2Si = CH_2$ auftreten kann, ist noch nicht zu übersehen. Die ungesättigte Verbindung könnte sich auch nach

$$2\,(CH_3)_3\dot{S}i \rightarrow (CH_3)_2Si = CH_2 + HSi(CH_3)_3$$

bilden. Für die Bildung der höheren Si-methylen-Verbindungen wie $Si_4C_{10}H_{24}$ oder $Si_7C_{18}H_{46}$ [14] sind noch einige weitere Annahmen erforderlich, die aber vom Vorausgehenden aus nicht unwahrscheinlich sind.

Untersuchungen über den thermischen Zerfall und die Pyrolyseprodukte der Methylchlorsilane $(CH_3)_3SiCl$, $(CH_3)_2SiCl_2$, CH_3SiCl_3 wurden von uns begonnen [15], um auf diesem Wege zu Silicium-methylenen mit ähnlichen Grundstrukturen und funktionellen Gruppen zu gelangen, wie sie bei den durch Pyrolyse des $Si(CH_3)_4$ erhaltenen, weitgehend vollmethylierten und damit wenig reaktionsfähigen Silicium-methylenen gefunden wurden. Von den Pyrolyseprodukten dieser Methylchlorsilane konnten zunächst nur die leichter abtrennbaren Verbindungen untersucht werden. Neben dem rein stofflichen Interesse an allen dabei gebildeten Siliciumverbindungen erfordert ein Einblick in den Bildungsmechanismus eine systematische Untersuchung dieser Pyrolyseprodukte, über die hier berichtet wird. Da die Schwierigkeiten der Auftrennung dieser Gemische mit steigender Molekelgröße stark zunahmen, beschränkt sich dieser Bericht auf die Untersuchung der Substanzen bis zu einer Siedetemperatur von etwa 200° C, wobei besonderer Wert auf die Aufklärung der Verbindungen mit zwei Si-Atomen in der Molekel gelegt wird. Es wurde angestrebt, den Anteil der einzelnen Verbindungen am gesamten Pyrolyseprodukt, bzw. das Mengenverhältnis einzelner Verbindungen innerhalb der gleichen Gruppe zu bestimmen. Die Untersuchung der höheren Verbindungen in den Pyrolysegemischen ist noch nicht abgeschlossen.

Durch Anwendung gaschromatographischer Methoden [1] konnten alle bei der Pyrolyse von $(CH_3)_3SiCl$, $(CH_3)_2SiCl_2$ und CH_3SiCl_3 gebildeten Verbindungen bis zu einem Siedepunkt von etwa 250° C erfaßt und ihre Verhältnisse zueinander bestimmt werden [16]. Zur Verfügung standen die nach den früheren Angaben bei 700° C erhaltenen Pyrolyseprodukte. Es wurde gaschromatographisch in jedem der Pyrolysegemische die Zahl der vorliegenden Verbindungen und deren Mengenverhältnis bestimmt und diese Werte für die niedriger siedenden Verbindungen einschließlich aller mit zwei Si-Atomen zusammengestellt. Aus $(CH_3)_3SiCl$ entsteht die größere Zahl von Verbindungen. Die identifizierten Substanzen mit zwei Si-Atomen in der Molekel sind in Tab. 2 zusammengestellt. Ihre Strukturformeln ergeben sich teilweise aus den chemischen Eigenschaften und analytischen Daten. Bei den isomeren Verbindungen 21 und 26 bzw. 28 und 23, Tab. 2, handelt es sich um Substanzen mit weitgehend gleichen chemischen Eigenschaften; d. h. ihre Molekel enthalten die gleichen Gruppen und sind demnach mehr oder weniger symmetrisch. Zur Zuordnung der Strukturformel dieser Isomeren wurde zusätzlich die Messung der Dipolmomente vorgenommen, davon ausgehend, daß an dem kleineren Dipolmoment die Molekel mit größerer Sym-

Tab. 2 *1,3-disila-propane*
aus der Pyrolyse von $(CH_3)_3SiCl$, $(CH_3)_2SiCl_2$, $(CH_3)SiCl_3$
und ihre Verteilung im Pyrolysegemisch

Verbindung	Verbindung	Dipolm. D	Verteilung im Pyrolyseprodukt von: (bez. auf Verb. 29 = 100)		
			$(CH_3)_3SiCl$	$(CH_3)_2SiCl_2$	CH_3SiCl_3
13	$(CH_3)_3Si—CH_2—Si(CH_3)_3$	1,04	0,16	1,3	0,02
20	$(CH_3)_3Si—CH_2—SiCl(CH_3)_2$	2,03	13,6	-	-
21	$(CH_3)_3Si—CH_2—SiCl_2(CH_3)$	2,30	13,9	0,66	-
26	$(CH_3)_2ClSi—CH_2—SiCl(CH_3)_2$	1,70	41,9	-	-
28	$(CH_3)_3Si—CH_2—SiCl_3$	2,28	141	23,7	0,50
23	$(CH_3)_2ClSi—CH_2—SiCl_2(CH_3)$	2,06	71,4	10,7	-
25	$(CH_3)Cl_2Si—CH_2—SiCl_2(CH_3)$	1,98	44,7	33	6,8
16	$(CH_3)Cl_2Si—CH_2—SiCl_3$	1,90	0,8	-	-
29	$Cl_3Si—CH_2—SiCl_3$	2,63	100	100	100

metrie zu erkennen ist. Die gemessenen Dipolmomente zeigen für die beide Isomeren-Paare deutliche Unterschiede, wodurch die Zuordnung der Strukturformeln leicht möglich ist. Nach Tab. 2 wurden aus den Pyrolyseprodukten des $(CH_3)_3SiCl$ alle denkbaren Verbindungen der Grundstruktur $>Si—CH_2—Si<$ mit Cl- und CH_3-Gruppen isoliert außer dem zu $(CH_3)Cl_2Si—CH_2—SiCl_2(CH_3)$ isomeren $(CH_3)_2Cl—Si—CH_2—SiCl_3$. Es ist auch mit ihrer Bildung zu rechnen.

In Tab. 2, Spalte 4, ist die Verteilung der 1,3-disila-propane in dem Pyrolyseprodukt eines jeden Chlorsilans so angegeben, daß sie mit der in den Pyrolyseprodukten der beiden übrigen verglichen werden kann. Dazu ist die Menge des $Cl_3Si—CH_2—SiCl_3$ jeweils gleich 100 gesetzt, worauf die übrigen bezogen sind.

Aus $(CH_3)_3SiCl$ wird demnach das $(CH_3)_3Si—CH_2—SiCl_3$ bevorzugt gebildet, danach $Cl_3Si—CH_2—SiCl_3$ und $(CH_3)_2ClSi—CH_2—SiCl(CH_3)_2$; aus $(CH_3)_2SiCl_2$ bevorzugt $Cl_3Si—CH_2—SiCl_3$, $(CH_3)Cl_2Si—CH_2—SiCl_2(CH_3)$ und $(CH_3)_3Si—CH_2—SiCl_3$. Unter den Verbindungen aus CH_3SiCl_3 steht das $Cl_3Si—CH_2—SiCl_3$ weit an der Spitze. In den insgesamt gebildeten flüssigen Pyrolyseprodukten des $(CH_3)_3SiCl$ machen die 1,3-disila-propane etwa 32 Vol.-% aus, in denen des $(CH_3)_2SiCl_2$: 43% und in denen des CH_3SiCl_3: 60%. In den Pyrolyseprodukten des $(CH_3)_3SiCl$ lassen sich in diesem Siedebereich SiH-haltige Verbindungen (IR-Spektrum) nachweisen, deren Anteil entsprechend der gaschromatographischen Untersuchung aber nur klein ist. Für die Bildung der in Tab. 2 angegebenen Verbindungen muß nach den Reaktionsbedingungen (Gasphase: 700°C) ein Radikalmechanismus angenommen werden. So wie bei der Pyrolyse des $Si(CH_3)_4$ kann mit der Spaltung der Si—C und C—H-Bindung gerechnet werden.

Damit ist in einfacher Weise die Bildung einiger Verbindungen zu erklären, Gl. (3), (4), (5).

$$2\,(CH_3)_3SiCl \begin{cases} \to CH_3 + SiCl(CH_3)_2 \\ \to H + CH_2\text{—}SiCl(CH_3)_2 \end{cases} \to (CH_3)_2ClSi\text{—}CH_2\text{—}SiCl(CH_3)_2 \qquad (3)$$

$$\text{bzw. } {>}SiCH_3 + CH_3 \to {>}Si\text{—}CH_2 + CH_4$$

$$2\,(CH_3)_2SiCl_2 \begin{cases} \to H + CH_2\text{—}SiCl_2(CH_3) \\ \to CH_3 + SiCl_2(CH_3) \end{cases} \to (CH_3)Cl_2Si\text{—}CH_2\text{—}SiCl_2(CH_3) \qquad (4)$$

$$2\,CH_3SiCl_3 \begin{cases} \to H + CH_2\text{—}SiCl_3 \\ \to CH_3 + SiCl_3 \end{cases} \to Cl_3Si\text{—}CH_2\text{—}SiCl_3 \qquad (5)$$

Aber es ist an Hand der gebildeten Verbindungen sofort zu übersehen, daß auch eine Spaltung der SiCl-Gruppen erfolgen muß; denn aus $(CH_3)_3SiCl$ und $(CH_3)_2SiCl_2$ werden z. B. Verbindungen gebildet, in denen mehr Cl-Atome am Si-Atom gebunden sind als in der Ausgangsverbindung. Wenn man die Spaltung $SiCl \to Si + Cl$ einbezieht, so läßt sich damit durch Rekombination entsprechender Radikale die Bildung der isolierten Verbindungen erklären. Aus Tab. 2 ist zu übersehen, daß aus der gleichen Ausgangsverbindung keineswegs alle möglichen Verbindungen dieses Types mit gleicher Häufigkeit entstehen und daß auch die nach Gl. (3), (4), (5) am einfachsten zu bildenden nicht die häufigsten sind, sondern daß bevorzugt Gruppenanordnungen auftreten, deren Bildung große Umstellungen erfordert; z. B. $Cl_3Si\text{—}CH_2\text{—}SiCl_3$ und $(CH_3)_3Si\text{—}CH_2\text{—}SiCl_3$ aus $(CH_3)_3SiCl$ oder $(CH_3)_2SiCl_2$. Ob dabei der Austausch des Chlors wirklich über freie Cl-Atome verläuft, ist noch nicht eindeutig zu sagen. Auffällig ist jedenfalls, daß keine C-chlorierten Verbindungen gefunden wurden und daß in den gasförmigen Pyrolyseprodukten des CH_3SiCl_3 z. B. kein HCl-Gas nachgewiesen werden konnte, mit dessen Bildung beim Auftreten freier Cl-Atome gerechnet werden sollte. Unter den Verbindungen mit zwei Si-Atomen konnte keine Substanz isoliert werden, die mit dem bei der Pyrolyse des $Si(CH_3)_4$ entstehenden Vierring 1,3-disila-cyclobutan entspricht. Dieser gespannte Ring wird bereits bei niedriger Temperatur mit HBr gespalten

$$(CH_3)_2Si \begin{matrix} CH_2 \\ CH_2 \end{matrix} Si(CH_3)_2 + HBr \to (CH_3)_3Si\text{—}CH_2\text{—}SiBr(CH_3)_2,$$

so daß unter den Bedingungen der Pyrolyse auch eine entsprechende Reaktion mit HCl zu erwarten ist. Damit ließe sich evtl. das Fehlen von HCl im Pyrolyseprodukt und die große Häufigkeit der unsymmetrisch chlorierten Si-methylene (Tab. 2; Verbindung 23, 28 aus $(CH_3)_3SiCl$ und $(CH_3)_2SiCl_2$) erklären.

Ein weiterer Einblick läßt sich gewinnen, wenn man das Verhältnis Si:C:H:Cl in der Ausgangsverbindung CH_3SiCl_3 (1:1:3:3) mit dem im gesamten flüssigen und höhermolekularen Reaktionsprodukt vergleicht. Die Untersuchung ergab für das Reaktionsprodukt (ausgenommen die unter Raumtemperatur siedenden gasförmigen Produkte) Si:C:H:Cl = 1:0,75:1,82:3,06. Dabei muß das gesamte Chlor am Si-Atom gebunden sein, da es hydrolytisch leicht als Cl-Ion abzuspalten ist. Das Verhältnis Si:Cl ist also gegenüber der Ausgangsverbindung unverändert, so daß demnach keine flüchtige Verbindung wie HCl entstanden sein kann, da auch keine gasförmigen Siliciumverbindungen gebildet wurden. Dagegen hat sowohl der C- als auch der H-Wert in den Reaktionsprodukten abgenommen. Demnach müssen in den gasförmigen Produkten diese Elemente in entsprechenden Beträgen auftreten (H_2, Kohlenwasserstoffe, bevorzugt CH_4), was sich auch bestätigt.

Um überblicken zu können, wie sich die einzelnen Elemente im Pyrolysegemisch verteilen, wurde das gesamte Pyrolyseprodukt des CH_3SiCl_3 zur analytischen Untersuchung in drei Substanzgruppen aufgeteilt (1. Verbindungen mit einem Si-Atom, 2. Verbindungen mit zwei Si-Atomen, 3. höhere Produkte). Das Gemisch der Verbindungen mit zwei Si-Atomen enthält 71% Chlor, 20% Silicium und 6,2% Kohlenstoff. Im Gemisch der höheren Verbindungen fällt der Cl-Wert auf 59,6% ab, während der Si-Wert (26,4%) und C-Wert (12%) ansteigt. Daraus ist in Verbindung mit Tab. 2 zu erkennen, daß sich in den Reaktionsprodukten das Chlor in den hochchlorierten 1,3-disila-propanen anreichert, was offenbar damit zusammenhängt, daß diese am wenigsten geeignet sind, höhere Si-methylene bei der Pyrolyse aufzubauen. Daß sich die Fähigkeit zur Bildung solch höherer Verbindungen mit steigender Zahl der SiCl-Gruppen verringert, gibt auch ein Vergleich der höhermolekularen Reaktionsprodukte der drei Methylchlorsilane zu erkennen.

III. Metallorganische Synthese Si-funktioneller Cyclocarbosilane

Über die Pyrolyse des $Si(CH_3)_4$ [11], [12] und der Methylchlorsilane [15], [16] sind mehrere ringförmige Silicium-methylen-Verbindungen (Cyclocarbosilane) zugänglich geworden. Für die weitere Entwicklung dieses Gebietes ist es in manchen Fällen unerläßlich, auch den Aufbau solcher Ringe durch schrittweise Synthese zu beherrschen. Es wurde deshalb versucht, zunächst die Verbindung (I) zu synthetisieren.

```
              (CH3)2
               /Si\
          H2C      CH2
           |        |
    (CH3)2Si        Si(CH3)2          (I)
           |        |
          H2C      CH2
               \Si/
              (CH3)2
```

Dies setzt Verbindungen mit reaktionsfähigen Gruppen sowohl am Si- als auch am C-Atom voraus, aus denen sich Molekel mit mehreren Si-Atomen aufbauen lassen, die an ausgewählten Atomen funktionelle Gruppen tragen. Aus der Strukturformel (I) ergeben sich verschiedene Wege, über die eine Synthese denkbar ist. Der letzte Schritt besteht stets im Ringschluß unter Bildung einer Si—C—Si-Bindung aus den Gruppen $\geq$Si—CH_2X und XSi$\leq$, wie für Verbindung (I) aus den Formeln (1) und (2) ersichtlich ist.

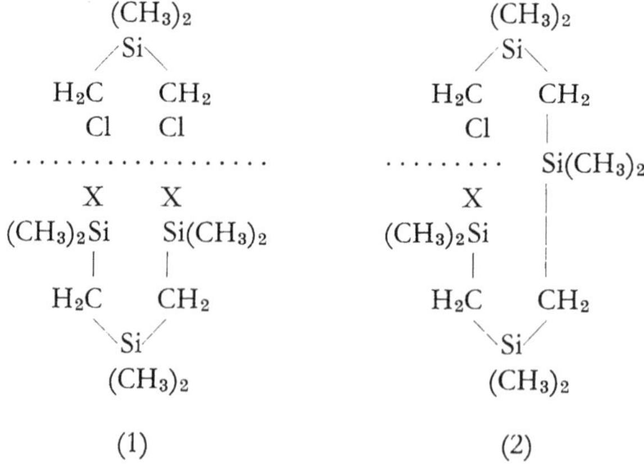

Auch kompliziertere Ringverbindungen dieser Klasse würden durch Synthese zugänglich, wenn sich Si-methylene mit funktionellen Gruppen (Halogen, OR, CH_2Cl) an ausgewählten Si-Atomen synthetisieren lassen. Die Herstellung solcher Verbindungen ist schwierig. Eine gelenkte Synthese wird durchführbar, wenn die Darstellung des Verbindungstyps $(CH_3)_2XSiCH_2Me$ und $(CH_3)X_2SiCH_2Me$ (Me = Li, X = Halogen oder OR) möglich ist. Der Aufbau des Si—C—Si-Gerüstes ist dann durch Umsatz einer solchen metallorganischen Verbindung mit einem Chlorsilan mit funktioneller Gruppe denkbar. Die Schwierigkeiten bestehen sowohl im Aufbau entsprechender metallorganischer Silicium-Verbindungen als auch in der Vermeidung unerwünschter Nebenreaktionen der funktionellen Gruppen bei der Kondensation zum Si—C—Si-Gerüst. Die Si—C-Bindung unterscheidet sich von der C—C-Bindung durch den positiven Charakter des Si-Atoms und der damit auftretenden Polarität. Diese ist noch abhängig von den am Si-Atom stehenden Gruppen, und es ist anzunehmen, daß in entsprechender Weise auch die C—Cl-Bindung an dem Si-ständigen C-Atom beeinflußt wird und damit Änderungen in der Bildungstendenz der $Si—CH_2Me$-Gruppe zu erwarten sind. Bisher bekannt ist der Aufbau linearer vollmethylierter Silicium-methylen-Verbindungen [17] bis zu Molekeln mit vier Si-Atomen nach

$$(CH_3)_3SiCH_2Me + ClSi(CH_3)_2CH_2Cl = (CH_3)_3SiCH_2Si(CH_3)_2CH_2Cl \text{ usw.}$$

Nebenreaktionen sind hier wegen der beschränkten Zahl der funktionellen Gruppen weitgehend ausgeschlossen, aber damit wird die Anwendung auf den Aufbau der unverzweigten Kette beschränkt. Beim Umsatz äquimolarer Mengen $(CH_3)_3SiCH_2Li$ mit $Cl_2Si(CH_3) \cdot (CH_2Cl)$ könnte man dementsprechend mit dem $(CH_3)_3Si—CH_2—SiCl(CH_3)(CH_2Cl)$, einer Verbindung mit einem quasi bifunktionellen Si-Atom rechnen, aber die Reaktion liefert in beträchtlichem Maße das unerwünschte $[(CH_3)_3SiCH_2]_2Si(CH_3)CH_2Cl$, woraus die Schwierigkeiten bei der Herstellung höherer Siliciummethylen-Verbindungen mit reaktionsfähigen Gruppen bereits sichtbar werden. In der Literatur [18] wird für einige Fälle die WURTZ-FITTIG-Reaktion zum Aufbau von einfachen Siliciummethylenen nach

$$\rangle SiCl + ClCH_2—Si\langle + 2\,Na \rightarrow \rangle Si—CH_2—Si\langle + 2\,NaCl$$

angegeben. So sind Verbindungen mit funktionellen Gruppen an verschiedenen Si-Atomen wie $(CH_3)_2(C_2H_5O)SiCH_2Si(OC_2H_5)(CH_3)_2$ erhalten worden. Die angegebenen Ausbeuten konnten wir aber nicht bestätigen. Bei der Umsetzung erhielten wir überwiegend höhermolekulare ölige Produkte mit reduzierenden Eigenschaften, die wohl auf die entstandenen Si—Si-Bindungen zurückzuführen sind, so daß die Ausbeuten der angestrebten Si-funktionellen Zwischenverbindungen für eine weitere Synthese unzureichend bleiben.

1. Die Gewinnung funktioneller Silicium-methylene durch Aufbau und Spaltung von Phenyl-chlormethyl-Silicium-methylenen

Beim Aufbau von Si-funktionellen Mg- und Li-organischen Verbindungen ergeben sich Schwierigkeiten, weil die entstandene Li-Verbindung mit der noch nicht umgesetzten Ausgangssubstanz gleich weiterreagiert. Es war deshalb naheliegend, die Synthese der metallorganischen Verbindungen und deren weitere Umsetzung bis zu einer möglichst hohen Stufe mit Derivaten vorzunehmen, die am Si-Atom gegen das Metall und die unerwünschte Kondensationsreaktion träge Schutzgruppen tragen, die sich anschließend durch Spaltung in Si-funktionelle Gruppen überführen lassen. Als Schutzgruppe schien die Si—C_6H_5-Gruppe geeignet, da die Bildung von $(CH_3)_2C_6H_5SiCH_2MgCl$ beschrieben ist [19] und die Spaltungsmöglichkeiten dieser Gruppe mit Halogenen und Halogenwasserstoffen auch in Abhängigkeit von den übrigen Substituenten an diesem Si-Atom bekannt sind [20]. Es war auch leicht festzustellen, daß die Si—CH_2Cl-Gruppe bei der Spaltung, die nach $(CH_3)_2C_6H_5SiCH_2Cl + Br_2 = (CH_3)_2BrSiCH_2Cl + C_6H_5Br$ abläuft, nicht angegriffen wird. Die Synthese von (I) ist im letzten Schritt durch eine intermolekulare Kondensation Formel (2) denkbar. Hier ist das $(CH_3)_2C_6H_5$-$SiCH_2MgCl$ eine wertvolle Ausgangsverbindung. Der Aufbau der Zwischenprodukte erfolgte auf folgendem Weg:

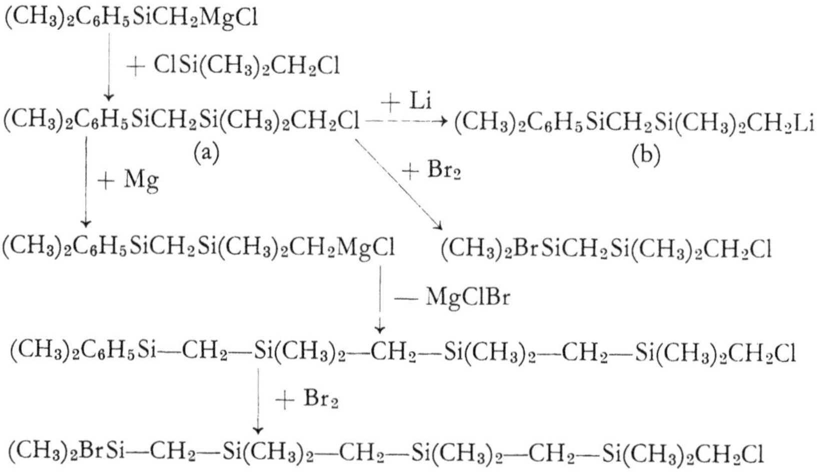

$(CH_3)_2C_6H_5SiCH_2MgCl$

↓ $+ ClSi(CH_3)_2CH_2Cl$

$(CH_3)_2C_6H_5SiCH_2Si(CH_3)_2CH_2Cl$ (a) $\xrightarrow{+ Li}$ $(CH_3)_2C_6H_5SiCH_2Si(CH_3)_2CH_2Li$ (b)

(a) ↓ $+ Mg$ → $(CH_3)_2C_6H_5SiCH_2Si(CH_3)_2CH_2MgCl$

(a) ↘ $+ Br_2$ → $(CH_3)_2BrSiCH_2Si(CH_3)_2CH_2Cl$

↓ $- MgClBr$

$(CH_3)_2C_6H_5Si—CH_2—Si(CH_3)_2—CH_2—Si(CH_3)_2—CH_2—Si(CH_3)_2CH_2Cl$

↓ $+ Br_2$

$(CH_3)_2BrSi—CH_2—Si(CH_3)_2—CH_2—Si(CH_3)_2—CH_2—Si(CH_3)_2CH_2Cl$ (c)

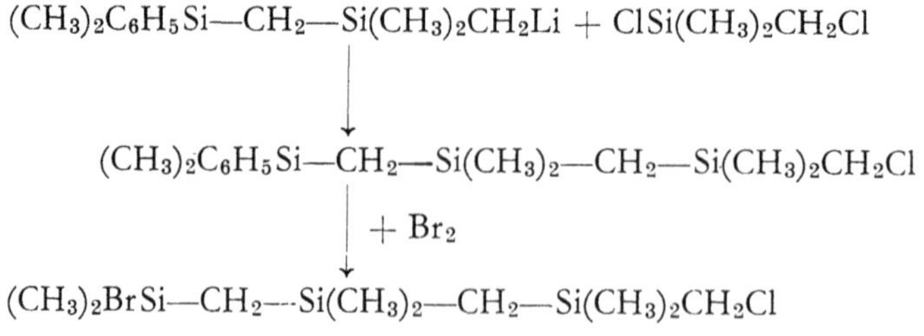

$(CH_3)_2C_6H_5Si—CH_2—Si(CH_3)_2CH_2Li + ClSi(CH_3)_2CH_2Cl$

↓

$(CH_3)_2C_6H_5Si—CH_2—Si(CH_3)_2—CH_2—Si(CH_3)_2CH_2Cl$ (d)

↓ $+ Br_2$

$(CH_3)_2BrSi—CH_2—Si(CH_3)_2—CH_2—Si(CH_3)_2CH_2Cl$

Zur Bildung von (a) wurden stöchiometrische Mengen der beiden Ausgangsprodukte 49 Stunden in siedendem Äther umgesetzt und anschließend nach weitgehendem Abdestillieren des Äthers noch acht Stunden auf 100° C erhitzt. Die erhaltenen Ausbeuten an $(CH_3)_2C_6H_5SiCH_2Si(CH_3)_2CH_2Cl$ lagen je nach Umsetzungsdauer zwischen 15–30%. (a) ist eine farblose Flüssigkeit, die in Äther mit Mg praktisch quantitativ die GRIGNARD-Verbindung bildet. In Pentan ist (a) mit Li nicht umzusetzen, dagegen bildet sich in Äther die Li-Verbindung (b) (dunkelbraune Lösung). Es konnte jedoch stets nur etwa 50% der berechneten Menge Li umgesetzt werden. Beim Vereinigen der Li-Verbindung (b) mit $ClSi(CH_3)_2CH_2Cl$ bildet sich unter Erwärmen und gleichzeitiger Aufhellung der Lösung $(CH_3)_2C_6H_5Si—CH_2—Si(CH_3)_2—CH_2—Si(CH_3)_2CH_2Cl$ (d), eine farblose, leicht viskose Flüssigkeit, die sich in Äther sowohl mit Li als auch mit Mg zur metallorganischen Verbindung umsetzen läßt und mit Br_2 quantitativ $(CH_3)_2BrSi—CH_2—Si(CH_3)_2—CH_2—Si(CH_3)_2CH_2Cl$ bildet. Die Synthese des linearen 1,4-bifunktionellen Tetrasilmethylens (c) kann sowohl schrittweise vom Di- (b) über das Trisilmethylen (d) erfolgen, als auch durch Umsetzung der Metallverbindung von (a) mit dem $(CH_3)_2BrSiCH_2Si(CH_3)_2CH_2Cl$. Der letzte Weg liefert wegen der geringen Zahl der Zwischenstufen die höhere Ausbeute. Die größere Reaktionsfähigkeit besitzt die Li-Verbindung, die sich aber nur mit einer Ausbeute von 50% bildet, wogegen die Mg-Verbindung praktisch in der berechneten Menge erhalten wird, so daß wir diese zur weiteren Umsetzung benutzen. Beim Zusammengeben von $(CH_3)_2C_6H_5SiCH_2Si(CH_3)_2CH_2MgCl$ mit $BrSi(CH_3)_2$-$CH_2Si(CH_3)_2CH_2Cl$ in Äther ist schon bald eine Umsetzung festzustellen, und nach 3½ Stunden konnte das Reaktionsgemisch hydrolysiert und aufdestilliert werden. Dabei war keine reine Substanz zu erhalten. Das zwischen 139–164° C bei 1 mm Hg übergehende Substanzgemisch wurde zur Spaltung der $Si—C_6H_5$-Gruppe mit Brom umgesetzt und anschließend war durch Destillation das gewünschte $(CH_3)_2BrSi—CH_2—Si(CH_3)_2—CH_2—Si(CH_3)_2—CH_2—Si(CH_3)_2CH_2Cl$ abzutrennen.

Um die Synthese des Achtringes auf dem durch Formel (1) angedeuteten Weg zu ermöglichen, sind andere Si-funktionelle Zwischenverbindungen erforderlich. Hier ist das $(CH_3)_2BrSi—CH_2—Si(CH_3)_2—CH_2—Si(CH_3)_2Br$ ein wichtiges Zwischenglied, und nach dem Vorausgehenden ist zu übersehen, daß diese Verbindung nach

$$2\,(CH_3)_2C_6H_5SiCH_2MgCl + Cl_2Si(CH_3)_2 = [(CH_3)_2C_6H_5SiCH_2]_2Si(CH_3)_2$$

und anschließende Umsetzung mit Br_2 zugänglich wird. Nach unseren Erfahrungen läßt sich das $(CH_3)_2C_6H_5SiCH_2MgCl$ zwar mit guter Ausbeute gewinnen, aber die Umsetzung mit dem Chlorsilan verläuft außerordentlich langsam und mit unbefriedigender Ausbeute (nach 14 Tagen 17%). In vielen Fällen kann man günstigere Umsetzungsbedingungen erzielen, wenn man die Mg-Verbindung durch die Li-Verbindung ersetzt, wie auch von angelsächsischen Autoren beim Aufbau der am Si-Atom vollmethylierten linearen Siliciummethylene (17) beobachtet wurde. Wir beabsichtigen deshalb zunächst die Darstellung des $(CH_3)_2C_6H_5SiCH_2Li$.

2. Zur Darstellung des $(CH_3)_2C_6H_5SiCH_2Li$

In Analogie zur Bildung des $(CH_3)_3SiCH_2Li$ [17] aus $(CH_3)_3SiCH_2Cl$ und Lithium war es naheliegend, durch die entsprechende Umsetzung des $(CH_3)_2C_6H_5$-$SiCH_2Cl$ das $(CH_3)_2C_6H_5SiCH_2Li$ anzustreben. Aber alle unsere Bemühungen, diese Reaktion in Pentan, Diäthyläther, Tetrahydrofuran bei erhöhter Temperatur und verlängerter Reaktionszeit herbeizuführen, waren ohne Erfolg. Das ist besonders auffällig, da das $(CH_3)_2C_6H_5SiCH_2MgCl$ leicht entsteht und dieses Verhalten gerade umgekehrt ist wie beim $(CH_3)_2(OC_2H_5)SiCH_2Cl$ und $(CH_3)(OC_2H_5)_2$-$SiCH_2Cl$. Dort konnten wir die Mg-Verbindung nicht erhalten, während die Umsetzung mit Li erfolgt. Von $(CH_3)_3SiCH_2Cl$ aus gesehen, das mit beiden Metallen die entsprechenden metallorganischen Verbindungen bildet, ist dies auf den Einfluß der C_2H_5O- bzw. C_6H_5-Gruppen zurückzuführen, wie auch Tab. 3 zu erkennen gibt. Der Einfluß der Si—C_6H_5-Gruppe wird noch durch die Beispiele 5, 6 und 7 verdeutlicht. Trägt das zur C—Cl-Gruppe benachbarte Si-Atom zwei $(CH_3)_2C_6H_5Si—CH_2$-Gruppen, so bleibt die Bildung der Li- und Mg-Verbindung aus, trägt es nur eine, so erfolgt die Umsetzung sowohl mit Li als auch mit Mg. Die Beeinflussung durch Substituenten am Si-Atom ist offensichtlich; eine Deutung ist erst nach Ergänzung des experimentellen Materials beabsichtigt.

Tab. 3 Zur Umsetzung der $SiCH_2Cl$-*Gruppe mit* Li *und* Mg

Verbindung	Reaktion mit	
	Mg	Li
1. $(CH_3)(C_2H_5O)_2SiCH_2Cl$	keine	gut
2. $(CH_3)_2(C_2H_5O)SiCH_2Cl$	keine	gut
3. $(CH_3)_3SiCH_2Cl$	gut	gut
4. $(CH_3)_2C_6H_5SiCH_2Cl$	gut	keine
5. $[(CH_3)_2C_6H_5SiCH_2]_2Si(CH_3)(CH_2Cl)$	keine	keine
6. $(CH_3)_2C_6H_5SiCH_2(CH_3)Si(CH_3)(CH_2Cl)$	gut	gut
7. $(CH_3)_2C_6H_5Si(—CH_2Si(CH_3)_2)—CH_2—Si(CH_3)_2CH_2Cl$	gut	gut

Um nun dennoch eine präparative Darstellung des für unsere Synthesen wichtigen $(CH_3)_2C_6H_5SiCH_2Li$ zu ermöglichen, versuchten wir von dem leicht zugänglichen $(CH_3)_2C_6H_5SiCH_2MgCl$ nach Gl. (1)

$$2\,(CH_3)_2C_6H_5SiCH_2MgCl + HgCl_2 \rightarrow [(CH_3)_2C_6H_5SiCH_2]_2Hg + 2\,MgCl_2 \quad (1)$$

zu der Hg-Verbindung zu kommen, von der aus durch Umsetzung mit Li die gewünschte Li-Verbindung gebildet werden sollte. Hg-Verbindungen mit dem Metallatom am Si-benachbarten C-Atom sind noch wenig beschrieben. Es sind die Verbindung $(CH_3)_3SiCH_2HgCl$ und $(CH_3)_3SiCH(CH_3)HgCl$ bekannt [21]. Bei der Umsetzung gemäß Gl. (1) in Äther läßt sich die stöchiometrische Menge $HgCl_2$ relativ leicht zur Reaktion bringen, wobei die maximale Ausbeute nach dreitägiger Reaktionszeit erreicht wird. Das $[(CH_3)_2C_6H_5SiCH_2]_2Hg$ ist bei 180–182° C, 1 mm Hg, als stark lichtbrechende Flüssigkeit zu destillieren, die nach Abkühlen (bisweilen verzögert) in weißen Blättchen kristallisiert, Smp. 32–34° C, Ausbeute 71%. Die Verbindung ist in organischen Lösungsmitteln gut löslich und beständig gegen Wasser.
Von der Hg-Verbindung aus ist durch Umsetzung mit Li-Metall in einer Gleichgewichtsreaktion die Bildung der Li-Verbindung nach Gl. (2) zu erwarten.

$$[(CH_3)_2C_6H_5SiCH_2]_2Hg + 2\,Li \rightarrow 2\,(CH_3)_2C_6H_5SiCH_2Li + Hg \qquad (2)$$

Als Lösungsmittel diente Äther. Es wurde ein Überschuß an Li eingesetzt und unter N_2 geschüttelt. Die Reaktion setzte bald unter Hg-Abscheidung ein. Nach 40 Stunden waren 50%, nach 110 Stunden 86% umgesetzt. Eine weitere Steigerung der Ausbeute war uns nicht möglich. Es wurde die orange-rote Lösung des $(CH_3)_2C_6H_5SiCH_2Li$ erhalten.
Vom $(CH_3)_2C_6H_5SiCH_2Li$ aus bereitet die Synthese für den Aufbau des Achtringes (I) erforderlichen $[(CH_3)_2BrSiCH_2]_2Si(CH_3)_2$ keine Schwierigkeiten mehr. Bei Vereinigung der ätherischen Lösung von $(CH_3)_2C_6H_5SiCH_2Li$ mit $Cl_2Si(CH_3)_2$ setzt die Reaktion sofort ein, wobei der quantitative Umsatz an dem Farbumschlag von rot nach farblos, ähnlich einer Titration, verfolgt werden kann. Anschließend läßt sich nach Entfernen des LiCl das $[(CH_3)_2C_6H_5SiCH_2]_2Si(CH_3)_2$ abdestillieren. Das $[(CH_3)_2C_6H_5SiCH_2]_2Si(CH_3)_2$ wurde mit der stöchiometrischen Menge Br_2 zum $[(CH_3)_2BrSiCH_2]_2Si(CH_3)_2$ umgesetzt.

3. Der Ringschluß zum $[Si(CH_3)_2—CH_2]_4$

Mit der vorliegenden Untersuchung sind nun die Teilstücke zugänglich, die zum Aufbau des Achtringes (I) erforderlich sind. Es kommt für die Synthese gemäß Formel (1) der Ringschluß mit Na vom $(CH_3)_2BrSi—CH_2—Si(CH_3)_2—CH_2—$ $—Si(CH_3)_2—CH_2—Si(CH_3)_2CH_2Cl$ (c) aus oder nach Formel (2) die Kondensation vom $[(CH_3)_2BrSi—CH_2]_2Si(CH_3)_2$ mit $Cl_2Si(CH_3)_2$ in Betracht. Bei dieser der Wurtzschen Alkansynthese entsprechenden Reaktion sind mehrere Nebenreaktionen vorauszusehen, so daß dieser Schritt der ungünstigste in der ganzen Synthese bleibt, zumal die Umsetzung an der Grenzfläche Flüssigkeit/Metall ablaufen wird, so daß die Ringbildung auch im Falle (2) durch das Verdünnungsprinzip wenig zu begünstigen ist. Die Reaktion wurde in siedendem Tuluol mit geschmolzenem Natrium durchgeführt. Trotz eines hohen Verteilungsgrades des Natriums in der Lösung gelang die Isolierung des Ringes nicht von Verbindung

(c) aus. Es bildeten sich hier überwiegend hochpolymere Substanzen mit reduzierenden Eigenschaften. Es darf aber daraus noch nicht geschlossen werden, daß der Ring überhaupt nicht gebildet wurde, denn Verbindung (c) stand nur in beschränkter Menge zur Verfügung, und ein späterer Zusatz des gesuchten Ringes zu dem gebildeten Reaktionsgemisch zeigt die Schwierigkeiten der Isolierung.
Erfolgreich war der zweite Weg. Ein stöchiometrisches Gemisch von $(CH_3)_2$-$BrSi—CH_2—Si(CH_3)_2—CH_2—Si(CH_3)_2Br$ und $(CH_3)_2Si(CH_2Cl)_2$ wurde zu fein verteiltem geschmolzenem Natrium in siedendem Toluol gegeben. Die Umsetzung setzte unter Abscheidung eines hellblauen Niederschlages sofort ein. Aus dem Reaktionsgemisch sublimierten bei 95–100° C lange farblose Kristalle, die sich in unpolaren organischen Lösungsmitteln gut und in polaren nur in der Wärme vollständig lösen und durch Sublimation im Ölpumpenvakuum bei 50° C zu reinigen sind. Die Verbindung zeigt keine reduzierenden Eigenschaften. Die Elementaranalyse liefert das Atomverhältnis Si : C : H = 1 : 3 : 8 und die kryoskopische Molekulargewichtsbestimmung in Benzol den Wert 277, so daß die Verbindung vier Si-Atome enthält, die nach den chemischen Eigenschaften über CH_2-Gruppen verbunden sein müssen, womit sich, der Synthese entsprechend die Formel $[Si(CH_3)_2—CH_2]_4$ ergibt – Verbindung (I): ber. Mol.-Gew. 288.
Eine Bestätigung dieser Strukturformel liefert die massenspektrometrische Untersuchung [22]. Das Massenspektrum hat in seinem Aufbau Ähnlichkeit mit dem Spektrum des Si-methylierten Sechsringes $[Si(CH_3)_2—CH_2]_3$ und unterscheidet sich grundsätzlich von dem der Kette $[(CH_3)_3Si—CH_2—Si(CH_3)_2]_2CH_2$ mit vier Si-Atomen.
Die im vorstehenden beschriebene Synthese von (I) ist für einige Fragen von Bedeutung, die sich aus Untersuchungen der Pyrolyseprodukte des $Si(CH_3)_4$ und der Methylchlorsilane ergeben. Unter diesen finden sich verschiedene ringförmig gebaute Silicium-methylen-Verbindungen mit vier Si-Atomen. So wird vom $Si(CH_3)_4$ das Si-hexamethyl-1,3,3,5,7,7-bicyclo 3,3,1-carbosilan [12], und unter etwas veränderten Reaktionsbedingungen wird das gut kristallisierende $Si_6C_{10}H_{24}$ (Smp. 121–122° C) gebildet, dem mit großer Wahrscheinlichkeit eine urotropinähnliche Strukturformel zukommt, in der die N-Atome durch $SiCH_3$-Gruppen ersetzt sind [23]. Aus dem CH_3SiCl_3 entsteht das kristalline $[SiCl_2—CH_2]_4$, für das als Strukturformel der Achtring (entsprechend Verbindung (I) mit je zwei Cl-Atomen an jedem Si-Atom) sehr wahrscheinlich ist, wie aus den chemischen Eigenschaften und einer Photochlorierung mit anschließendem alkalischem Abbau aus sterischen Erwägungen anzunehmen ist [24]. Für das daraus durch Umsetzung mit CH_3MgCl erhaltene kristalline Methylierungsprodukt erschien Formel (I) unwahrscheinlich, nachdem nach einer kristallographischen Untersuchung der Abstand zweier gegenüberliegender C-Atome im Ring unerwartet klein ist [25]. Für die Aufklärung dieses Methylierungsproduktes war die übersichtliche Synthese des $[Si(CH_3)_2—CH_2]_4$ sehr nützlich [26], denn nun war schon durch gaschromatographischen Vergleich zu klären, daß diese beiden Methylverbindungen tatsächlich verschieden sind.

4. Zur metallorganischen Synthese des $(CH_3)_2Si\langle{}^{CH_2}_{CH_2}\rangle Si(CH_3)_2$ (13)

Von diesen Erfahrungen [26] ausgehend, wurde die Synthese des 1,1,3,3-tetramethyl-1,3-disila-cyclopropan begonnen, um einerseits die Kenntnisse über den schrittweisen metallorganischen Aufbau ringförmiger Siliciummethylene aus Si-Verbindungen mit funktionellen Gruppen im Hinblick auf die Synthese komplizierterer Ringsysteme zu erweitern (Untersuchungen zur Struktur der Pyrolyseprodukte aus $Si(CH_3)_4$ und den Methylchlorsilanen), andererseits um diesen Vierring als Vergleichssubstanz für Untersuchungen zur Struktur des $Si_2C_6H_{16}$ aus der Pyrolyse des $Si(CH_3)_4$ verfügbar zu haben [27]. Der angegebene Weg schließt an unsere Synthese des Achtrings $[(CH_3)_2Si—CH_2]_4$ an [26]. Der letzte Schritt wird durch Gl. (1) beschrieben, wobei sich die Ringbildung mit Mg in Diäthyläther mit einer Ausbeute von 70% vollzieht.

$$(CH_3)_2SiBr—CH_2—Si(CH_3)_2—CH_2Cl \xrightarrow{Mg} (CH_3)_2Si\langle{}^{CH_2}_{CH_2}\rangle Si(CH_3)_2 \qquad (1)$$

Das $(CH_3)_2SiBr—CH_2—Si(CH_3)_2—CH_2Cl$ stellten wir wie früher beschrieben (26) dar nach

$$(CH_3)_2(CH_2Cl)SiCl \xrightarrow{C_6H_5MgCl} (CH_3)_2(CH_2Cl)Si—C_6H_5 \xrightarrow{HgCl_2} [(CH_3)_2C_6H_5—Si—CH_2]_2Hg$$

$$\downarrow Li$$

$$(CH_3)_2C_6H_5—Si—CH_2—Si(CH_3)_2—CH_2Cl \xleftarrow{(CH_3)_2Si(CH_2Cl)Cl} (CH_3)_2C_6H_5—Si—CH_2—Li$$

$$\downarrow Br_2$$

$$(CH_3)_2SiBr—CH_2—Si(CH_3)_2—CH_2Cl$$

Diese Synthese hat im letzten Schritt Ähnlichkeit mit der von Knoth [27a], der den Ringschluß von $(CH_3)_2SiF—CH_2—Si(CH_3)_2—CHCl$ aus durchführte, das er vom $(CH_3)_3Si—O—Si(CH_3)_2—CH_2—Si(CH_3)_2CH_2Cl$ aus durch Spaltung mit BF_3 erhielt.

Die chemischen Reaktionen dieser Verbindung (Br_2-Verbrauch, Reaktion mit HBr, Reduktion von $AgNO_3$) stimmen mit denen des Pyrolyseproduktes $Si_2C_6H_{16}$ überein. Nach dem gaschromatographischen Vergleich sind die beiden Substanzen identisch, was auch die folgende Untersuchung bestätigt. Die Bildung von $(CH_3)_2SiBr—CH_2—Si(CH_3)_3$ mit HBr beruht also auf der Sprengung des gespannten Vierrings.

5. Metallorganische Synthese Si-funktioneller Cyclocarbosilane

Für weitere Synthesen in dieser Verbindungsklasse ist erforderlich, daß entsprechende ringförmige Si-methylene mit funktionellen Gruppen an ausgewählten

Si-Atomen aufgebaut werden können. Es wird hier über die metallorganische Synthese solcher Si-funktioneller Sechsringe (Cyclocarbosilane) berichtet. Bei der Synthese des Si-methylierten Achtrings [26] $[(CH_3)_2Si—CH_2]_4$ und des methylierten Vierrings [13], [27] war entscheidend, daß die $Si—C_6H_5$-Gruppe als »Schutzgruppe« in den Zwischenverbindungen eingebaut wurde, die sich im entsprechenden Stadium der Synthese mit Br_2 in die reaktionsfähige SiBr-Gruppe überführen läßt und daß über $[C_6H_5(CH_3)_2Si—CH_2]_2Hg$ das reaktionsfähige $(C_6H_5)\cdot(CH_3)_2$-$Si—CH_2Li$ [26] darzustellen war. Von diesen Erfahrungen wurde bei der jetzt beschriebenen Synthese ausgegangen.

Um zum Trisila-cyclohexan mit zwei Si-funktionellen Gruppen zu gelangen, erschien es zweckmäßig, zunächst lineare Trisilmethylene mit drei funktionellen Gruppen darzustellen. Es wurde die Synthese des

$$(C_6H_5)_2(CH_3)Si—CH_2—Si(C_6H_5)(CH_3)—CH_2—Si(CH_3)_2—CH_2Cl$$

angestrebt, in dem ohne Änderung des Gerüstes die $Si—C_6H_5$-Gruppen mit Br_2 in SiBr-Gruppen zu überführen sein sollten. Da die Spaltung der $Si—C_6H_5$-Gruppen mit Br_2 um so schwerer erfolgt, je negativer die übrigen Substituenten an diesem Si-Atom sind [29], war damit zu rechnen, daß bei vorsichtiger Bromierung nur eine der beiden Phenylgruppen am gleichen Si-Atom abgespalten wird. Von dem so zugänglichen

$$(C_6H_5)(CH_3)BrSi—CH_2—SiBr(CH_3)—CH_2—Si(CH_3)_2—CH_2Cl$$

aus sollte mit Mg in Äther der Ringschluß möglich sein, wobei die Voraussetzungen sowohl zur Bildung des Sechsrings als auch zum Vierring (1,3-disila-cyclobutan) mit einer Seitenkette gegeben ist. Da der Sechsring wesentlich spannungsfreier ist, sollte er bevorzugt entstehen.

Die Synthese wurde auf folgendem Wege durchgeführt:

$$Cl_2Si(CH_3)(CH_2Cl) \xrightarrow{C_6H_5MgBr} (C_6H_5)_2Si(CH_3)(CH_2Cl) \xrightarrow{Mg} (C_6H_5)_2Si(CH_3)(CH_2MgCl) \quad (b)$$

$$\downarrow HgCl_2$$

$$(C_6H_5)_2Si(CH_3)—CH_2Li \ (d) \xleftarrow{Li} [(C_6H_5)_2Si(CH_3)—CH_2—]_2Hg \ (c)$$

$$(d) + ClSi(C_6H_5)(CH_3)—CH_2Cl \longrightarrow$$

$$(C_6H_5)_2(CH_3)Si—CH_2—Si(C_6H_5)(CH_3)—CH_2Cl \quad (e)$$

$$\downarrow Mg$$

$$(C_6H_5)_2(CH_3)Si—CH_2—Si(C_6H_5)(CH_3)—CH_2MgCl$$

$$\downarrow HgCl_2$$

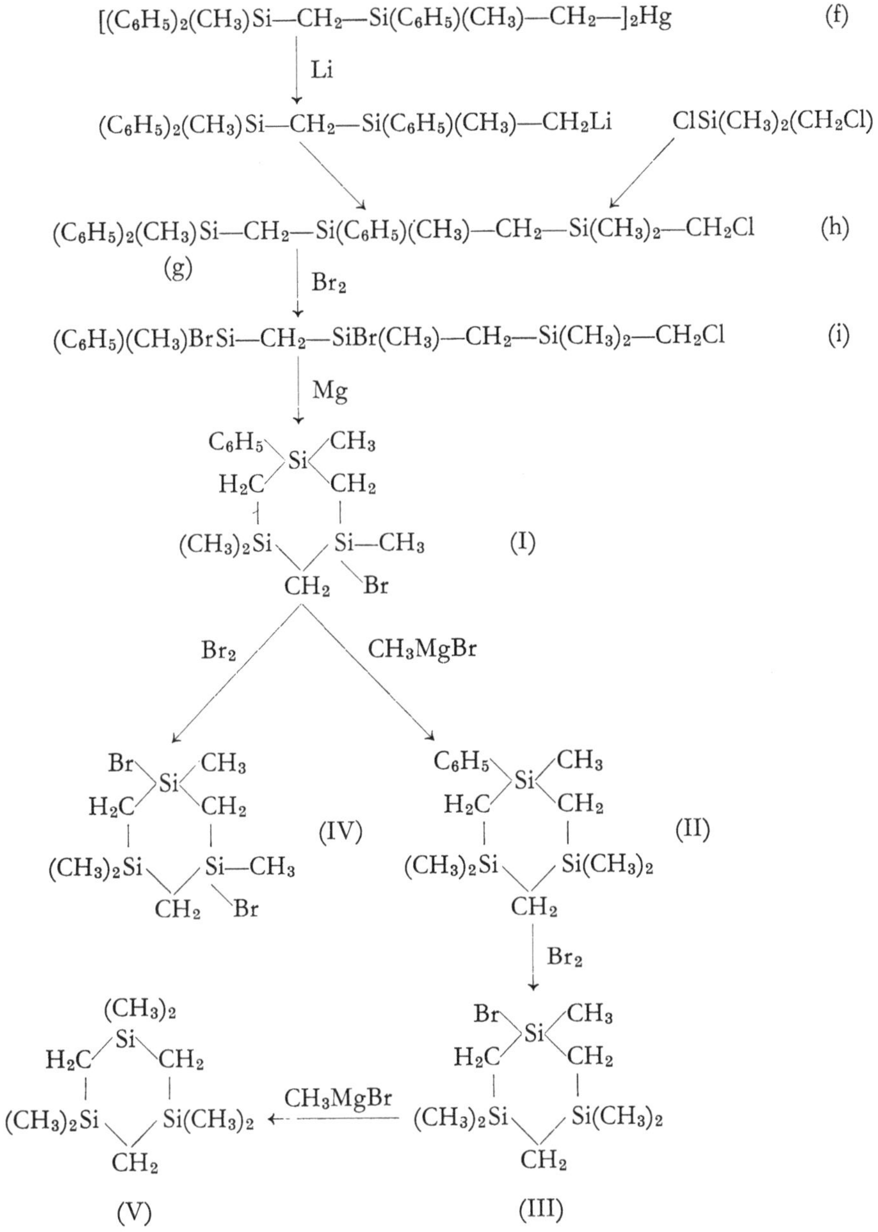

$[(C_6H_5)_2(CH_3)Si{-}CH_2{-}Si(C_6H_5)(CH_3){-}CH_2{-}]_2Hg$ (f)

↓ Li

$(C_6H_5)_2(CH_3)Si{-}CH_2{-}Si(C_6H_5)(CH_3){-}CH_2Li$ + $ClSi(CH_3)_2(CH_2Cl)$

↓

$(C_6H_5)_2(CH_3)Si{-}CH_2{-}Si(C_6H_5)(CH_3){-}CH_2{-}Si(CH_3)_2{-}CH_2Cl$ (h)

(g)

↓ Br_2

$(C_6H_5)(CH_3)BrSi{-}CH_2{-}SiBr(CH_3){-}CH_2{-}Si(CH_3)_2{-}CH_2Cl$ (i)

↓ Mg

C_6H_5, CH_3 > Si <; H_2C, CH_2; $(CH_3)_2Si$, $Si{-}CH_3$; CH_2, Br (I)

↙ Br_2 ↘ CH_3MgBr

Br, CH_3 > Si <; H_2C, CH_2; $(CH_3)_2Si$, $Si{-}CH_3$; CH_2, Br (IV)

C_6H_5, CH_3 > Si <; H_2C, CH_2; $(CH_3)_2Si$, $Si(CH_3)_2$; CH_2 (II)

↓ Br_2

Br, CH_3 > Si <; H_2C, CH_2; $(CH_3)_2Si$, $Si(CH_3)_2$; CH_2 (III)

← CH_3MgBr

$(CH_3)_2$ Si; H_2C, CH_2; $(CH_3)_2Si$, $Si(CH_3)_2$; CH_2 (V)

Entscheidend für die Synthese des Ringes war die Gewinnung der kristallinen Hg-Verbindung (c), da sich die Mg-Verbindung (b) zu langsam umsetzt [Erfahrungen beim $(C_6H_5)(CH_3)_2Si{-}CH_2MgCl$ (26)] und die Li-Verbindung (d) erst über (c) zugänglich wird. Da (c) gut kristallisiert und somit rein darzustellen ist, lassen sich an dieser Stelle alle aus den vorausgehenden Syntheseschritten herkommenden Verunreinigungen entfernen. Ebenso ist es zweckmäßig, Verbindung (e) zu isolieren (Sdp. 185° C; 1 mm Hg), da die Reinigung der weiteren Verbindungen mit linearem Bau zunehmend schwieriger wird und anwesende Nebenprodukte die Synthese ungünstig beeinflussen. Hg-Verbindung (f) wurde als stark lichtbrechende, sirupöse Substanz erhalten.

Die bei Zimmertemperatur flüssigen Cyclocarbosilane (I), (II), (IV) sind durch Destillation abzutrennen; (IV) kristallisiert um — 20° C zu langen durchsichtigen Nadeln. (II) wurde durch Umsetzung mit Br_2 in (III) überführt, das ohne vom Lösungsmittel abgetrennt zu werden, mit CH_3MgBr zum vollmethylierten Ring V umgesetzt wurde [28]. Diese Verbindung wurde zur Sicherung der Struktur der synthetisierten funktionellen Cyclocarbosilane auf diesem Wege dargestellt, da das Reaktionsprodukt mit dieser strukturell gesicherten Verbindung [30] aus der Pyrolyse des $Si(CH_3)_4$ [12] verglichen werden kann. Nach dem gaschromatographischen Vergleich sind beide Substanzen identisch.

Wie schon erwähnt, wurde der Aufbau funktioneller Cyclocarbosilane im Hinblick auf die Synthese höherer Verbindungen dieser Klasse vorgenommen. Für die Untersuchungen zur Struktur ringförmiger Silicium-methylene mit vier Si-Atomen [31] sind die Verbindungen (I) und (IV) von Bedeutung, nach dem die Synthese des Si-hexamethyl-1,3,3,5,7,7-bicyclo-3,3,1-carbosilans vom $[(CH_3)_2(C_6H_5)$-Si—$CH_2]_2Si(CH_3)CH_2Cl$ aus nicht gelang [26], weil die entsprechende Mg- bzw. Li-Verbindung nicht zu erhalten war. Von Verbindung (I) aus ergeben sich neue Möglichkeiten der Synthese des Bicyclocarbosilans.

IV. Untersuchungen an Si-Phosphor-Verbindungen

Unser Bemühen, nach Darstellung und Untersuchung des $SiH_3 \cdot PH_2$ aus SiH_4 und PH_3 [32] zu substituierten Abkömmlingen des Silylphosphins zu kommen, führte zu Umsetzungen von Dialkylphosphinlithium mit Methyl-chlorsilanen und $SiCl_4$. So gibt in ätherischer Lösung $LiP(C_2H_5)_2$ (I) mit $ClSi(CH_3)_3$ die Verbindung $(CH_3)_3Si—P(C_2H_5)_2$ (Kp_{20} 71–72° C), und aus I mit $Cl_2Si(CH_3)_2$ entstehen bei Umsetzung molarer Mengen die Verbindungen $(CH_3)_2ClSi—P(C_2H_5)_2$ (Kp_5 53–54° C) und $[(C_2H_5)_2P]_2Si(CH_3)_2$ (Kp_1 60–65° C). Aus der Umsetzung von $SiCl_4$ mit $LiP(CH_3)_2$ ließen sich bisher $(CH_3)_2P—SiCl_3$ (Kp_{25} um 50° C) und $[(CH_3)_2P]_2SiCl_2$ (Kp_5 um 47° C) isolieren. Daneben bildet sich noch eine höhere Verbindung, wahrscheinlich $[(CH_3)_2P]_3SiCl$ (Kp bei 120° C im Ölpumpenvakuum). Alle isolierten Substanzen sind bei Zimmertemperatur flüssig und extrem empfindlich gegen Luft und Feuchtigkeit. (I) raucht an der Luft, ist aber nicht selbstentzündlich. Alle übrigen entzünden sich spontan. Die Darstellung gelingt durch Zutropfen der Silicium-Verbindung zu einer Lösung von $LiP(C_2H_5)_2$ in Diäthyläther, bzw. durch langsames Zugeben des festen $LiP(CH_3)_2$ zur ätherischen Lösung von $SiCl_4$ bei Zimmertemperatur. Bei anschließendem Sieden unter Rückfluß (1 bis 1,5 h) scheidet sich das LiCl vollständig ab. Das Dialkylphosphin-lithium wird vollständig umgesetzt.

Durch Umsetzung von $LiPR_2$ ($R = CH_3$, C_2H_5) mit Methylchlorsilanen und $SiCl_4$ wurden organisch substituierte Silylphosphine mit SiCl-Gruppen gewonnen [33]. Ihre Bildung ist mit Nebenreaktionen verbunden, wie sich z. B. aus der Umsetzung von $SiCl_4$ mit $LiP(C_2H_5)_2$ (Verhältnis 1:4) in Diäthyläther ergibt. Neben erheblichen Mengen $(C_2H_5)_2P—P(C_2H_5)_2$ (identifiziert durch Analyse und Bildung von $(C_2H_5)_2PS—PS(C_2H_5)_2$) wurde das $[(C_2H_5)_2P]_3SiCl$, Sdp. 138–142° C Ölpumpenvakuum, isoliert, während das $Si[P(C_2H_5)_2]_4$ unter diesen Bedingungen nicht in nennenswerter Ausbeute gefaßt werden konnte. Bei der vorsichtigen Destillation der Umsetzungsprodukte (Unterdruck) waren stets P-haltige Rückstände mit erhöhtem Si-Gehalt (Si—Si-Gruppen) zu beobachten. Ähnliche Erscheinungen, wenn auch nicht so ausgesprochen, treten bei der Bildung von $(CH_3)_3Si—P(C_2H_5)_2$ aus $(CH_3)_3SiCl$ und $LiP(C_2H_5)_2$ in Diäthyläther auf. Diese Verbindung läßt sich am günstigsten herstellen, wenn man das gekühlte $(CH_3)_3SiCl$ (flüssiges N_2) mit der entsprechenden Menge $LiP(C_2H_5)_2$ überschichtet und das Gemisch langsam auf —78° C erwärmt, wobei durch entsprechendes Kühlen für einen langsamen Reaktionsablauf zu sorgen ist. Nach beendeter Umsetzung ist das $(CH_3)_3Si—P(C_2H_5)_2$ vom gebildeten LiCl bei möglichst niedrigem Druck abzudestillieren. Entsprechende Beobachtungen sind bei Versuchen zur Bildung von $SiH_3—PH_2$ aus $LiPH_2$ und SiH_3J zu machen. $LiPH_2$ setzt sich mit H_3SiJ oder SiH_2J_2 in Diäthyläther bevorzugt zu sublimierbaren Produkten um.

Bei niedriger Temperatur wurde aus KPH_2 und SiH_3Br von AMBERGER und BOETERS [34] das $(SiH_3)_3P$ erhalten. Auch das rein darzustellende ätherlösliche $LiP(C_2H_5)_2$ bildet mit SiH_3J oder SiH_2J_2 nicht das erwartete Silylphosphin. Bei der Aufarbeitung des Reaktionsgemisches aus SiH_3J und $LiP(C_2H_5)_2$ (ohne Überschreiten der Zimmertemperatur) wurde eine weiße, sublimierbare, luft- und feuchtigkeitsempfindliche, jodhaltige Substanz (Si : P = 1 : 1) erhalten, während sich bei der Aufarbeitung des gleichen Umsetzungsproduktes durch Destillation bei Normaldruck (Erwärmen bis auf 100° C) $(C_2H_5)_2PH$ und ein unlöslicher, nicht sublimierbarer Si-reicher Rückstand (P : Si = 1 : 4) bildet. Die Umsetzung SiH_2J_2 verläuft ähnlich. Um Material für die Beurteilung dieser Reaktionen zu erhalten, wurden für weitere Umsetzungen Si-Verbindungen mit geringerer Anzahl von SiH-Gruppen und verschiedenen Halogenatomen (Cl, J) herangezogen. Es wurden $LiP(C_2H_5)_2$ mit $(C_2H_5)_2SiHCl$, $C_2H_5SiHCl_2$, $C_6H_5SiH_2Cl$, $C_6H_5SiH_2J$ und $(CH_3)_3SiJ$ umgesetzt. Aus $(C_2H_5)_2SiHCl$ und $C_2H_5SiHCl_2$ bilden sich die Verbindungen $(C_2H_5)_2SiH—P(C_2H_5)_2$ und $C_2H_5SiH[P(C_2H_5)_2]_2$. Ihre Strukturformeln wurden durch quantitativen Abbau mit HBr bewiesen. Beim Erwärmen des Reaktionsgemisches entstehen $HP(C_2H_5)_2$ und Si-reichere Verbindungen. Das $LiP(C_2H_5)_2$ bildet mit $C_6H_5SiH_2Cl$ und $C_6H_5SiH_2J$ das $C_6H_5SiH_2—P(C_2H_5)_2$, Sdp. 60–61° C Ölpumpenvakuum. Die Umsetzung des Siliciumhalogenids mit $LiP(C_2H_5)_2$ ist nicht unabhängig vom Halogen, denn während sich mit $(CH_3)_3SiCl$ das $(CH_3)_3Si—P(C_2H_5)_2$ bildet, entsteht bei der Umsetzung mit $(CH_3)_3SiJ$ ein weißes, sublimierbares, jodhaltiges Produkt, das die Elemente Si und P im Verhältnis 1 : 1 enthält. Es ist auffallend, daß beim Erwärmen der SiH-haltigen Umsetzungsprodukte stets $HP(C_2H_5)_2$ entsteht und sich gleichzeitig Si-reichere Rückstände mit Si—Si-Gruppen bilden. Das H-Atom der PH-Gruppe des $HP(C_2H_5)_2$ stammt aus der SiH-Gruppe der Ausgangsverbindung. Eine weitere Aufklärung dieser Fragen wird über die dargestellten SiH-haltigen Silylphosphine möglich sein.

In Fortführung der Untersuchungen über Derivate des SiH_3PH_2 konnte durch Umsetzung von $SiCl_4$ mit $LiP(C_2H_5)_2$ (1 : 4) das $Si[P(C_2H_5)_2]_4$ (I) erhalten werden, Sdp. ~160° C, 1 mm Hg. Neben (I) bilden sich beträchtliche Mengen $[(C_2H_5)_2P]_2$. (I) wird mit Laugen nach

$$Si[P(C_2H_5)_2]_4 + 4\,H_2O \xrightarrow{NaOH} \{Si(OH)_4\} + 4\,(C_2H_5)_2PH \qquad (1)$$

abgebaut. (1) verläuft beim Erwärmen quantitativ. Das entstehende $HP(C_2H_5)_2$ (II) wird von $HgCl_2$-Lösung unter Bildung des schwer löslichen $(C_2H_5)_2PHgCl$ gebunden, über das (II) durch anschließende jodometrische Titration quantitativ zu bestimmen ist. (I) ist an der Luft selbstentzündlich und äußerst feuchtigkeitsempfindlich.

Silylphosphin und seine Derivate werden mit Halogenwasserstoffen relativ leicht an der Si—P-Bindung gespalten [35]. Die Frage nach der Existenz von Silylphosphoniumsalzen [36] führte zu der Umsetzung von $(CH_3)_3Si—P(C_2H_5)_2$ (I) mit C_2H_5J. Beim Zusammengeben von (I) mit der äquivalenten Menge C_2H_5J in Äther bei Eiskühlung scheiden sich nach etwa einer Stunde weiße Nädelchen ab. Noch günstiger verläuft die Reaktion in Abwesenheit des Lösungsmittels. Dabei wurden die Komponenten zunächst auf —80° C gekühlt und das Gemisch anschließend auf Zimmertemperatur erwärmt. Nach 1–2 Std. scheiden sich weiße Kriställchen ab. Diese wurden als $[(CH_3)_3Si—P(C_2H_5)_3]J$ (II) identifiziert, Schmp. 122–123° C (unter Zersetzung). An der Luft werden die Kristalle langsam feucht und gehen in eine Flüssigkeit über. Nach der Analyse enthalten sie Si, P, J im Verhältnis 1:1,05:1,02. Ihre Lösung in Formamid leitet den Strom. Auch das darin ermittelte Molgewicht von 156 (ber. 318,3) spricht für weitgehende Dissoziation. Mit einem Überschuß an C_2H_5J wird (I) in Äther oder Pentan an der Si—P-Bindung gespalten. Es ist dann das bekannte $[(C_2H_5)_4P]J$, Schmp. 270° C [Lit. (37), 270–278° C] zu isolieren (identifiziert durch Analyse und Umsetzung mit HgJ_2 zu $[(C_2H_5)_4P]J \cdot HgJ_2$, Schmp. 117° C) und nach anschließender Hydrolyse des Filtrats das $[(C_2H_5)_3Si]_2O$ gaschromatographisch nachzuweisen. Die Bildung von (II) gelingt nur mit reinem C_2H_5J. Von C_2H_5Br wird (I) unter gleichen Bedingungen gespalten.

Prof. Dr. Gerhard Fritz

Literaturverzeichnis

[1] Fritz, G., und D. Ksinsik, Z. anorg. allg. Chem. 304, 242 (1960).

[2] Pray, B. O., L. H. Sommer, G. M. Goldberg, G. T. Kerr, Ph. A. Gorgio und F. C. Whitmore, J. Amer. chem. Soc. 70, 433 (1948).

[3] Gobeau, J., IUPAC-Kolloquium 1954, Münster (Westf.), Verlag Chemie, Weinheim, S. 69; H. Kriegsmann, Z. anorg. allg. Chemie. 299, 138 (1959).

[4] Fritz, G., und D. Kummer, Z. anorg. allg. Chem. 308, 105 (1961).

[5] Kautsky, H., und G. Herzberg, Z. anorg. allg. Chem. 139, 135 (1924).

[6] Nebergall, W. H., J. Amer. chem. Soc. 72, 4702 (1950); P. A. McCusker und E. L. Reilly, J. Amer. chem. Soc. 75, 1583 (1953).

[7] Deans, D. R., und C. Eaborn, J. chem. Soc., London 1954, 3169.

[8] Kummer, D., Dissertation, Münster (Westf.) 1961.

[9] Fritz, G., und H. Burdt, Z. anorg. allg. Chem. 317, 35 (1962).

[10] Helm, D. F., und E. Mack jr., Amer. chem. Soc. 59, 60 (1937).

[11] Fritz, G., und B. Raabe, Z. anorg. allg. Chem. 286, 149 (1956); 299, 232 (1959).

[12] Fritz, G., und J. Grobe, Z. anorg. allg. Chem. 315, 157 (1962).

[13] Fritz, G., Chimia 16, 214 (1962). G. Fritz, W. Kemmerling, G. Sonntag, H. J. Becher, E. A. V. Ebsworth und J. Grobe, Z. anorg. allg. Chem. 321, 10 (1963).

[14] Fritz, G., und J. Grobe, Z. anorg. allg. Chem. 299, 302 (1959).

[15] Fritz, G., D. Habel, D. Kummer und G. Teichmann, Z. anorg. allg. Chem. 302, 60 (1959).

[16] Fritz, G., und D. Ksinsik, Z. anorg. allg. Chem. (im Druck).

[17] Sommer, L. H., F. A. Mitsch und G. M. Goldberg, J. Amer. chem. Soc. 71, 2746 (1949).

[18] Goodwin, J. T., W. F. Badwin und R. R. McGregor, J. Amer. chem. Soc. 69, 2247 (1947); C. A. Burkhard, J. Amer. chem. Soc. 71, 963 (1949).

[19] Sommer, L., R. R. Gold, G. M. Goldberg und N. S. Maraus, J. Amer. chem. Soc. 71, 1509 (1949).

[20] Sommer, L. H., und F. C. Whitmore, J. Amer. chem. Soc. 68, 481 (1946). Fritz, G., und D. Kummer, Z. anorg. allg. Chem. 308, 105 (1961).

[21] Sommer, L. H., und F. C. Whitmore, J. Amer. chem. Soc. 68, 481 (1946).

[22] Fritz, G., H. Buhl, J. Grobe, F. Aulinger und W. Reering, Z. anorg. allg. Chem. 312, 201 (1961).

[23] Fritz, G., und J. Grobe, Z. anorg. allg. Chem. 315, 157 (1962).

[24] Fritz, G., und G. Teichmann, Chem. Ber. 95, 2361 (1962).

[25] Krahé, E., Diplomarbeit, Münster (Westf.) 1961.

[26] Fritz, G., und H. Burdt, Z. anorg. allg. Chem. 314, 35 (1962).

[27] Fritz, G., W. Kemmerling, G. Sonntag, H. J. Becher, E. A. V. Ebsworth und J. Grobe, Z. anorg. allg. Chem. 321, 10 (1963).

[27a] Knoth, W. H., und R. V. Lindsyj, jr., J. org. Chem. 23, 1392 (1958).

[28] Fritz, G., und W. Kemmerling, Z. anorg. allg. Chem. 322, 34 (1963).

[29] FRITZ, G., und D. KUMMER, Z. anorg. allg. Chem. 308, 105 (1961).
[30] FRITZ, G., H. BUHL, J. GROBE, F. AULINGER und W. REERING, Z. anorg. allg. Chem. 312, 201 (1961).
[31] FRITZ, G., und G. TEICHMANN, Chem. Ber. 95, 2361 (1962). E. KRAHE, Diplomarbeit 1961, Münster (Westf.).
[32] FRITZ, G., Z. Naturforsch. 8b, 776 (1953); Z. anorg. allg. Chem. 280, 332 (1955); G. FRITZ und H. BERKENHOFF, Z. anorg. allg. Chem. 289, 250 (1957).
[33] FRITZ, G., und G. POPPENBURG, Angew. Chem. 72, 208 (1960).
[34] AMBERGER, E., und H. BOETERS, Angew. Chem. 74, 32 (1962).
[35] FRITZ, G., Z. anorg. allg. Chem. 280, 332 (1955).
[36] FRITZ, G., G. POPPENBURG und M. ROCHOLL, Naturwissenschaften 49, 255 (1962).
[37] CAHOURS, A., und A. W. HOFMANN, Ann. 104, 15 (1857). D. D. COFFMAN, und C. S. MARVEL, J. Amer. Soc. 51, 3500 (1929).

FORSCHUNGSBERICHTE DES LANDES NORDRHEIN-WESTFALEN

Herausgegeben im Auftrage des Ministerpräsidenten Dr. Franz Meyers
von Staatssekretär Prof. Dr. h. c. Dr.-Ing. E. h. Leo Brandt

CHEMIE

HEFT 2
Prof. Dr. phil. Walter Fuchs †, Aachen
Untersuchungen über absatzfreie Teeröle
1952. 27 Seiten, 5 Abb., 6 Tabellen. DM 10,—

HEFT 6
Prof. Dr. phil. Walter Fuchs †, Aachen
Untersuchungen über die Zusammensetzung und Verwendbarkeit von Schwelteerfraktionen
1952. 30 Seiten. DM 10,50

HEFT 7
Prof. Dr. phil. Walter Fuchs †, Aachen
Untersuchungen über emsländisches Petrolatum
1952. 29 Seiten, 1 Abb., 17 Tabellen. DM 10,50

HEFT 16
Max-Planck-Institut für Kohlenforschung, Mülheim/Ruhr
Arbeiten des MPI für Kohlenforschung
1953. 96 Seiten, 9 Abb. Vergriffen

HEFT 25
Gesellschaft für Kohlentechnik mbH, Dortmund-Eving
Struktur der Steinkohlen und Steinkohlen-Kokse
1953. 51 Seiten. Vergriffen

HEFT 30
Gesellschaft für Kohlentechnik mbH, Dortmund-Eving
Kombinierte Entaschung und Verschwelung von Steinkohle; Aufarbeitung von Steinkohlenschlämmen zu verkokbarer oder verschwelbarer Kohle
1953. 49 Seiten, 16 Abb., 10 Tabellen. DM 10,50

HEFT 36
Forschungsinstitut der Feuerfest-Industrie, Bonn
Untersuchungen über die Trocknung von Rohton, Untersuchungen über die technische Reinigung von Silika- und Schamotte-Rohstoffen mit chlorhaltigen Gasen
1953. 51 Seiten, 5 Abb., 5 Tabellen. DM 11,—

HEFT 42
Prof. Dr. Burckhardt Helferich, Bonn
Untersuchungen über Wirkstoffe — Fermente — in der Kartoffel und die Möglichkeit ihrer Verwendung
1953. 47 Seiten, 9 Abb. DM 11,—

HEFT 46
Prof. Dr. phil. Walter Fuchs †, Aachen
Untersuchungen über die Aufbereitung von Wasser für die Dampferzeugung in Benson-Kesseln
1953. 48 Seiten, 18 Abb., 9 Tabellen. DM 11,20

HEFT 55
Forschungsgesellschaft Blechverarbeitung e. V., Düsseldorf
Chemisches Glänzen von Messing und Neusilber
1953. 40 Seiten, 21 Abb., 1 Tabelle. DM 10,20

HEFT 57
Prof. Dr.-Ing. F. A. F. Schmidt, Aachen
Untersuchungen zur Erforschung des Einflusses des chemischen Aufbaues des Kraftstoffes auf sein Verhalten im Motor und in Brennkammern von Gasturbinen. Grundsätzliche Untersuchungen über den Wärmeübergang bei Verbrennungsvorgängen. Wärmeübergang bei zusätzlichen Druckschwingungen im Verbrennungsraum
1954. 59 Seiten, 24 Abb. DM 14,60

HEFT 58
Gesellschaft für Kohlentechnik mbH, Dortmund-Eving
Herstellung und Untersuchung von Steinkohlenschwelteer
1953. 58 Seiten, 9 Abb., 9 Tabellen. DM 13,75

HEFT 59
Forschungsinstitut der Feuerfest-Industrie e. V., Bonn
Ein Schnellanalysenverfahren zur Bestimmung von Aluminiumoxyd, Eisenoxyd und Titanoxyd in feuerfestem Material mittels organischer Farbreagenzien auf photometrischem Wege
Untersuchungen des Alkali-Gehaltes feuerfester Stoffe mit dem Flammenphotometer nach Riehm-Lange
1954. 52 Seiten, 12 Abb., 3 Tabellen. Vergriffen

HEFT 67
Heinrich Wösthoff OHG, Apparatebau, Bochum
Entwicklung einer chemisch-physikalischen Apparatur zur Bestimmung kleinster Kohlenoxyd-Konzentrationen
1954, 83 Seiten, 48 Abb., 2 Tabellen. DM 18,25

HEFT 87
Gemeinschaftsausschuß Verzinken, Düsseldorf
Untersuchungen über Güte von Verzinkungen
1954. 56 Seiten, 56 Abb., 3 Tabellen. Vergriffen

HEFT 88
Gesellschaft für Kohlentechnik mbH, Dortmund-Eving
Oxydation von Steinkohle mit Salpetersäure
1954. 49 Seiten, 2 Abb., 1 Tabelle. Vergriffen

HEFT 108
Prof. Dr. phil. Walter Fuchs †, Aachen
Untersuchungen über neue Beizmethoden und Beizabwässer
I. Die Entzunderung von Drähten mit Natriumhydrid
II. Die Aufbereitung von Beizabwässern
1955. 65 Seiten, 15 Abb., 14 Tabellen, 1 Falttafel. Vergriffen

HEFT 121
Dr. rer. nat. Heinz Krebs,
Chemisches Institut der Universität Bonn
I. Die Struktur und die Eigenschaften der Halbmetalle
II. Die Bestimmung der Atomverteilung in amorphen Substanzen
III. Die chemische Bindung in anorganischen Festkörpern und das Entstehen metallischer Eigenschaften
1955. 109 Seiten, 36 Abb., 13 Tabellen. DM 22,90

HEFT 128
Prof. Dr. Otto Schmitz-DuMont, Bonn
Untersuchungen über Reaktionen in flüssigem Ammoniak
1955. 82 Seiten, 11 Abb., 6 Tabellen. DM 17,75

HEFT 132
Prof. Dr. phil. nat. W. Seith, Münster
Über Diffusionserscheinungen in festen Metallen
1955. 27 Seiten, 19 Abb., 4 Tabellen. DM 9,10

HEFT 133
Prof. Dr. phil. Ernst Jenckel, Aachen
Über einen für Schwermetalle selektiven Ionenaustauscher
1955. 32 Seiten, 8 Abb., 13 Tabellen. DM 9,50

HEFT 134
Prof. Dr.-Ing. Helmut Winterhager, Aachen
Über die elektrochemischen Grundlagen der Schmelzfluß-Elektrolyse von Bleisulfid in geschmolzenen Mischungen mit Bleichlorid
1955. 42 Seiten, 20 Abb., 5 Tabellen. DM 11,80

HEFT 139
Prof. Dr. phil. Walter Fuchs †, Aachen
Studien über die thermische Zersetzung der Kohle und die Kohlendestillatprodukte
1955. 48 Seiten, 20 Abb., 22 Tabellen. DM 11,80

HEFT 141
Dr. phil. J. van Calker und Dr. rer. nat. R. Wienecke, Physikalisches Institut der Universität Münster
Untersuchungen über den Einfluß dritter Analysenpartner auf die spektrochemische Analyse
1955. 25 Seiten, 15 Abb. DM 9,10

HEFT 149
Dr.-Ing. Kamillo Konopicky und Dipl.-Chem. P. Kampa, Forschungsinstitut der Feuerfest-Industrie, Bonn
I. Beitrag zur flammenphotometrischen Bestimmung des Calciums
Dr.-Ing. Kamillo Konopicky, Bonn
II. Die Wanderung von Schlackenbestandteilen in feuerfesten Baustoffen
1955. 37 Seiten, 10 Abb., 5 Tabellen. DM 11,—

HEFT 160
Prof. Dr. Dr. h.c. W. Klemm, Münster
Über neue Sauerstoff- und Fluor-haltige Komplexe
1955. 38 Seiten, 13 Abb., 7 Tabellen. DM 10,80

HEFT 166
Prof. Dr. phil. Mark v. Stackelberg, Dr. rer. nat. H. Heindze, Dr. rer. nat. H. Hübschke und Dr. rer. nat. K. H. Frangen, Bonn
Kolloidchemische Untersuchungen
1955. 94 Seiten, 8 Abb., 13 Tabellen. DM 21,25

HEFT 169
Forschungsinstitut für Pigmente und Lacke, Stuttgart
Leiter: Prof. Dr. rer. nat. Karl Hamann
Arbeiten über die Bestimmung des Gebrauchswertes von Lackfilmen durch physikalische Prüfungen
1955. 58 Seiten, 23 Abb., 4 Tabellen. DM 15,—

HEFT 178
Prof. Dr. phil. Mark v. Stackelberg und
Dr. rer. nat. W. Hans, Bonn
Untersuchungen zur Ausarbeitung und Verbesserung von polarographischen Analysenmethoden
1955. 33 Seiten, 14 Abb. DM 10,50

HEFT 190
Prof. Dr. phil. A. Neuhaus,
Prof. Dr. phil. Otto Schmitz-DuMont und
Dipl.-Chem. H. Reckhard, Bonn
Zur Kenntnis der Alkalititanate
1955. 48 Seiten, 13 Abb., zahlr. Tabellen. DM 12,20

HEFT 193
Prof. Dr. phil. Otto Schmitz-DuMont, Bonn
Untersuchungen über neue Pigmentfarbstoffe
1955. 37 Seiten, 16 Abb., 8 Tabellen. DM 11,20

HEFT 205
Dr. Carl Schaarwächter, Laboratorium für Rostschutz und Oberflächentechnik, Düsseldorf
Über plastische Kupfer-Eisen-Phosphor-Legierungen
1956. 25 Seiten, 10 Abb., 10 Tabellen. DM 8,30

HEFT 219
Prof. Dr. phil. Walter Fuchs †, Aachen
Untersuchungen zur Holzabfallverwertung und zur Chemie des Lignins
1955. 39 Seiten, 11 Abb., 15 Tabellen. DM 11,40

HEFT 220
Prof. Dr. phil. Walter Fuchs †, Chemisch-technisches Institut der Rhein.-Westf. Technischen Hochschule Aachen
Die Entwicklung neuer Regel- und Kontroll-Apparate zur coulometrischen Analyse
1955. 62 Seiten, 17 Abb., 23 Tabellen. DM 15,50

HEFT 228
Prof. Dr. phil. Franz Wever, Dr. phil. Walter Koch und Dr. rer. nat. B. A. Steinkopf, Max-Planck-Institut für Eisenforschung Düsseldorf
Spektrochemische Grundlagen der Analyse von Gemischen aus Kohlenmonoxyd, Wasserstoff und Stickstoff
1956. 31 Seiten, 18 Abb., 1 Tabelle. DM 9,90

HEFT 229
Prof. Dr. phil. Franz Wever, Dr. phil. Walter Koch und Dr.-Ing. Hans Malissa, Max-Planck-Institut für Eisenforschung Düsseldorf
Über die Anwendung disubstituierter Dithiocarbamate der analytischen Chemie
1955. 30 Seiten, 30 Abb., 5 Tabellen. DM 10,50

HEFT 270
Prof. Dr. rer. nat. Heinz Krebs,
Dipl.-Chem. Dr. rer. nat. J. Diewald
Dipl.-Chem. Dr. rer. nat. R. Rasche und
Dipl.-Chem. Dr. rer. nat. J. A. Wagner,
Chemisches Institut der Universität Bonn
Die Trennung von Racematen auf chromatographischem Wege
1956. 49 Seiten, 18 Tabellen. DM 12,95

HEFT 282
Bergrat a. D. Fritz Scherer, Bochum
Das B. T.-Schwelverfahren und seine Anwendung auf der Anlage Marienau
1956. 31 Seiten, 7 Abb., DM 9,60

HEFT 287
Prof. Dr.-Ing. habil. Karl Krekeler, Institut für Kunststoffverarbeitung in Industrie und Handwerk an der Rhein.-Westf. Technischen Hochschule Aachen
Änderungen der mechanischen Eigenschaftswerte thermoplastischer Kunststoffe bei Beanspruchung in verschiedenen Medien
1956. 49 Seiten, 23 Abb., 5 Tabellen. DM 13,70

HEFT 297
Dr. phil. Carl Schaarwächter und
Dr. rer. nat. Werner Schaarwächter, Düsseldorf
Die Reduktion von Siliziumtetrachlorid im Lichtbogen zur nachfolgenden Silizierung von Eisenblechen
1958. 22 Seiten, 12 Abb., 1 Tabelle. DM 8,20

HEFT 303
Prof. Dr.-Ing. Siegfried Kiesskalt, Aachen
Das Institut der Forschungsgesellschaft Verfahrenstechnik e. V. an der Technischen Hochschule Aachen
1956. 64 Seiten, 20 Abb., 3 Tabellen. DM 16,50

HEFT 309
Prof. Dr. phil. Kurt Cruse, Dipl.-Phys. Benno Ricke und Dipl.-Phys. Reinhard Huber, Physikalisch-chemisches Institut der Bergakademie Clausthal-Zellerfeld
Aufbau und Arbeitsweise eines universell verwendbaren Hochfrequenz-Titrationsgerätes
1956. 40 Seiten, 29 Abb. DM 11,90

HEFT 321
Prof. Dr. phil. Franz Wever und Dr. phil. Wolfgang Wepner, Max-Planck-Institut für Eisenforschung, Düsseldorf
Gleichzeitige Bestimmung kleiner Kohlenstoff- und Stickstoffgehalte im α-Eisen durch Dämpfungsmessung
1956. 17 Seiten, 4 Abb., 3 Tabellen. DM 6,80

HEFT 327
Prof. Dr.-Ing. habil. Karl Krekeler und Dr.-Ing. Heinz Peukert, Institut für Kunststoffverarbeitung in Industrie und Handwerk an der Rhein.-Westf. Technischen Hochschule Aachen
Beitrag zur thermoelastischen Formbarkeit von Polyäthylen
1956. 44 Seiten, 49 Abb., 9 Tabellen. DM 12,80

HEFT 367
Dr. rer. nat. Dietrich Horstmann, Max-Planck-Institut für Eisenforschung und Gemeinschaftsausschuß Verzinken, Düsseldorf
Der Angriff eisengesättigter Zinkschmelzen auf kohlenstoff-, schwefel- und phosphorhaltiges Eisen
1957. 42 Seiten, 22 Abb., 6 Tabellen. DM 12,85

HEFT 372
Prof. Dr. phil. Mark v. Stackelberg, Bonn
Untersuchungen zur Ausarbeitung und Verbesserung von polarographischen Analysenmethoden 2. Bericht
1957. 34 Seiten, 9 Abb., 7 Tabellen. DM 10,15

HEFT 400
Prof. Dr. phil. Walter Fuchs † und
Dr. rer. nat. Hans Weyerstrass, Institut für Chemische Technologie der Rhein.-Westf. Technischen Hochschule Aachen
Entwicklung eines Heißfilters zur Reinigung von Gichtgas eines mit Kohle betriebenen Niederschachtofens
1958. 88 Seiten, 30 Abb. DM 20,20

HEFT 401
Prof. Dr.-Ing. Maria Lipp, Aachen, und
Dr. rer. nat. Dipl.-Chem. Gunhild Frielingsdorf, Düren
Darstellung reaktionsfähiger Verbindungen des Camphansystems und Versuche zu deren Fluorierung
1957. 74 Seiten. DM 17,—

HEFT 406
Werner Kirsch, Leverkusen-Rheindorf
Entwicklungsarbeiten auf dem Gebiet des Korrosionsschutzes und der Abdichtung
1957. 76 Seiten, 28 Abb., 11 Tabellen. DM 19,—

HEFT 409
Prof. Dr. phil. Franz Wever, Dr. phil. Walter Koch, Dr. rer. nat. Christa Ilschner-Gensch und Dipl.-Phys. Helga Rohde, Max-Planck-Institut für Eisenforschung, Düsseldorf
Das Auftreten eines kubischen Nitrids in aluminiumlegierten Stählen
1957. 26 Seiten, 12 Abb., 3 Tabellen. DM 10,10

HEFT 463
Dipl.-Ing. Gerhard Plüss,
Gaswärme-Institut Essen-Steele,
Wissenschaftliche Leitung:
Prof. Dr.-Ing. Fritz Schuster
Die Aufteilung der verbrennlichen Bestandteile in Verbrennungsgasen auf CO und H_2 bei Verbrennung mit Luftunterschuß und bei Luftüberschuß und künstlicher Flammenkühlung
1957. 22 Seiten, 7 Abb., 2 Tabellen. DM 8,40

HEFT 485
Prof. Dr. phil. Ernst Jenckel, Dr. Hanns Wilsing, Dr. Harald Dörffurt und Dipl.-Phys. Heinz Rinkens
Kristallisation der Hochpolymeren
1958. 50 Seiten, 20 Abb. DM 15,70

HEFT 491
Hydrogeologie und Tektonik. Teil I
Geologisch-Paläontologisches Institut der Universität Münster
Prof. Dr. Franz Lotze, Münster
Zur Frage der Beziehungen zwischen Chloridgehalt des Grundwassers und Tektonik
Dr. Klaus Kötter, Essen
Die Chloridgehalte des oberen Emsgebietes und ihre Beziehungen zur Hydrogeologie
1958. 193 Seiten, 37 Abb., 17 Tabellen. DM 50,80

HEFT 495
Prof. Dr. phil. Dipl.-Ing. Erik Asmus und
Dr. rer. nat. Hans-Friedrich Kurandt, Berlin
Einige analytische Anwendungen der Zincke-Königschen Reaktion
1958. 34 Seiten, 14 Abb., 7 Tabellen. DM 11,45

HEFT 503
Dr. rer. nat. Josef Faßbender,
Institut für theoretische Physik Bonn
Untersuchungen über die Eigenschaften von Cadmiumsulfid-Sandwich-Zellen
1957. 24 Seiten, 7 Abb. DM 8,80

HEFT 515
Prof. Dr. phil. habil. Hans Ernst Schwiete und Dr.-Ing. Christoph Hummel, Institut für Gesteinshüttenkunde der Rhein.-Westf. Technischen Hochschule Aachen
Thermochemische Untersuchungen im System SiO_2 und Na_2O—SiO_2
1958. 110 Seiten, 29 Abb., 28 Tabellen. DM 28,—

HEFT 525
Prof. Dr. Dr. h.c. Hans Paul Kaufmann und
Dr. Friedrich Weghorst,
Deutsches Institut für Fettforschung, Münster
Beiträge zur Chemie und Technologie der Fetthärtung I
1958. 106 Seiten, 26 Abb., 14 Tabellen. DM 26,80

HEFT 540
Prof. Dr. rer. nat. Heinz Krebs,
Chemisches Institut der Universität Bonn
Die katalytische Aktivierung des Schwefels
1958. 64 Seiten, 9 Abb., 4 Tabellen. DM 18,30

HEFT 541
Prof. Dr. Otto Schmitz-DuMont, Bonn
Reaktionen in flüssigem Ammoniak zur Gewinnung von 1. Titanylamid, 2. Oxykobalt (III)-amiden, 3. Ammonobasischen Kobalt (III)-benzylaten
1958. 56 Seiten, 11 Abb. DM 16,80

HEFT 568
Prof. Dr. Dr. h. c. Dr. E. h. Kurt Adler †,
Dipl.-Chem. Manfred Dollhausen und
Dipl.-Chem. Max Fremery,
Chemisches Institut der Universität Köln
Über einige neue Reaktionen des Indens
1958. 64 Seiten, 13 Abb. DM 19,50

HEFT 575
Prof. Dr. phil. habil. Carl Kröger, Aachen
Verkokungsverhalten der Steinkohlenmacerale und ihrer Mischungen
1958. 58 Seiten, 18 Abb., 19 Tabellen. DM 18,70

HEFT 576
Prof. Dr. Fritz Micheel und
Dr. Hans Georg Bussmann, Münster
Untersuchung synthetischer Kohlenhydrat-Eiweißverbindungen mit der Ultracentrifuge bei der Elektrophorese
1958. 145 Seiten, 63 Abb., 13 Tabellen. DM 37,10

HEFT 580
Prof. Dr.-Ing. habil. August Götte und
Dr.-Ing. Gisela Scholz,
Institut für Aufbereitung, Kokerei und Brikettierung der Rhein.-Westf. Technischen Hochschule Aachen
Unterstützung der Entwässerung von Feinkohle durch chemische Hilfsmittel
1958. 245 Seiten, 28 Abb., zahlr. Tabellen. DM 52,50

HEFT 589
Prof. Dr. phil. habil. Carl Kröger,
Institut für Brennstoffchemie der Rhein.-Westf. Technischen Hochschule Aachen
Wärmebedarf der Silikatglasbildung
1958. 65 Seiten, 5 Abb., 28 Tabellen. DM 18,70

HEFT 645
Dr.-Ing. Werner Kleinlein, Forschungsinstitut Verfahrenstechnik an der Rhein.-Westf. Technischen Hochschule Aachen
Das Fließverhalten dispers-plastischer Massen im Walzspalt
1958. 56 Seiten, 24 Abb., 1 Tabelle. DM 15,—

HEFT 653
Prof. Dr. Karl Hamann und Dr. Werner Funke,
Forschungsinstitut für Pigmente und Lacke, Stuttgart
Die Schutzwirkung organischer Inhibitoren in wäßriger Lösung gegenüber Eisen
1958. 71 Seiten, 31 Abb. DM 18,70

HEFT 656
Prof. Dr. Ernst Jenckel und
Dr. Helmuth Huhn, Institut für theoretische Hüttenkunde und physikalische Chemie der Rhein.-Westf. Technischen Hochschule Aachen
Das Verkleben von Aluminium mit carboxylsubstituierten Polystrolen
1958. 42 Seiten, 16 Abb., 3 Tabellen. DM 11,60

HEFT 666
Prof. Dr.-Ing. habil Karl Krekeler,
Dr.-Ing. Heinz Peukert und
Dipl.-Ing. Bernhard Frerichmann,
Institut für Kunststoffverarbeitung an der Rhein.-Westf. Technischen Hochschule Aachen
Die Infraroterwärmung an thermoplastischen Kunststoffen
1959. 82 Seiten, 77 Abb., 5 Tabellen. DM 22,60

HEFT 685
Prof. Dr. Adolf Dietzel,
Prof. Dr. Heinz Jagodzinski und
Dr. Horst Scholze, Max-Planck-Institut für Silikatforschung, Würzburg
Untersuchungen an technischem Siliziumcarbid
1959. 42 Seiten, 5 Abb., 9 Tabellen. DM 11,60

HEFT 704
Prof. Dr. phil. Walter Koch, Max-Planck-Institut für Eisenforschung, Düsseldorf,
Dr. rer. nat. Christa Ilschner-Gensch, Essen und
Dr. rer. nat. Ahamedulla Khan, Bangalore (Indien)
Das Verhalten des Phosphors bei der Isolierung
1959. 27 Seiten, 17 Abb., 5 Tabellen. DM 8,90

HEFT 709
Dozent Dr. Karl-Dietrich Gundermann unter Mitarbeit von Dr. Rainer Thomas, Dipl.-Chem. Gerhard Holtmann, Dipl.-Chem. Roswitha Huchting und Dipl.-Chem. Hans Rose aus dem Organisch-Chemischen Institut der Universität Münster
Synthesen mit *a*-Chlor-acrylsäure-Derivaten
1959. 81 Seiten, 7 Abb., 11 Tabellen. DM 20,50

HEFT 710
Prof. Dr. phil. Mark v. Stackelberg, Institut für Physikalische Chemie der Universität Bonn
Untersuchungen zum Stoffwechsel der Augenlinse
1959. 49 Seiten, 10 Abb., DM 11,50

HEFT 711
Dr.-Ing. Kurt Alberti, Forschungslaboratorium des Bundesverbandes der Deutschen Kalkindustrie e. V., Köln
Einfluß der chemischen Zusammensetzung des Anmachewassers auf die Festigkeit von Kalkmörteln
1959. 50 Seiten, 4 Abb., 20 Tabellen. DM 13,10

HEFT 727
Prof. Dr. phil. habil. Carl Kröger,
Institut für Brennstoffchemie der Rhein.-Westf. Technischen Hochschule Aachen
Eigenschaften und chemische Konstitution der Steinkohlenmacerale
1959. 59 Seiten, 27 Abb., 16 Tabellen. DM 16,20

HEFT 780
Prof. Dr. phil. Franz Wever,
Dr.-Ing. Werner Lueg und Dr.-Ing. Paul Funke,
Max-Planck-Institut für Eisenforschung, Düsseldorf
Untersuchung von Walzölen und Walzölemulsionen im Kaltwalzversuch
1959. 68 Seiten, 28 Abb., mehr. Tabellen. DM 18,50

HEFT 807
Prof. Dr.-Ing. Maria Lipp und Dr. rer. nat. Dipl.-Chem. Karl-Heinz Maria Tillwich, Institut für Organische Chemie der Rhein.-Westf. Technischen Hochschule Aachen
Darstellung fluorierter Camphanverbindungen
1960. 52 Seiten, 6 Abb. DM 15,—

HEFT 821
Dr. rer. nat. Helmut Berge und
Dr. rer. nat. Heribert Dahmen,
Agrikulturchemisches Institut Dr. Helmut Berge, Düsseldorf
Die Anwendungsmöglichkeiten der chemischen Luft- und Pflanzenanalyse zur Beurteilung industrieller Immissionen
1959. 58 Seiten, 19 Abb. DM 16,40

HEFT 843
Dipl.-Chem. Wolfgang Schmidt,
Dipl.-Chem. Emil Köhler und Dipl.-Ing. Wilhelm Schmidt, Forschungsinstitut der Feuerfestindustrie, Bonn
Flammenspektrometrische Alkalibestimmung im Korund
1960. 13 Seiten, 2 Abb., 1 Tabelle. DM 5,50

HEFT 858
Baudirektor Wolfgang Triebel, Viersen, und Dipl.-Ing. R. Nowak, Frankfurt a. M.
Herstellung von Schmelzphosphat-Dünger bei hygienischer Aufbereitung und Vernichtung von Stadtmüll
1960. 40 Seiten, 4 Abb., 12 Tabellen. DM 11,50

HEFT 863
Prof. Dr. phil. habil. Carl Kröger, Institut für Brennstoffchemie der Rhein.-Westf. Technischen Hochschule Aachen
Das elektrische und Wärme-Leitvermögen von Glasgemengen und Glasschmelzen
1960. 59 Seiten, 39 Abb., 12 Tabellen. DM 17,80

HEFT 866
Prof. Dr. Fritz Micheel und Dr. Wolfgang Heinemann, Organisch-Chemisches Institut der Universität Münster
Eine neuartige Apparatur zur Hochspannungs-Papierelektrophorese
1960. 15 Seiten, 13 Abb. DM 6,70

HEFT 880
Prof. Dr. Karl-Heinz Hellwege und Dr. Werner Knappe, Deutsches Kunststoff-Institut Darmstadt
Die Festigkeit thermoplastischer Kunststoffe in Abhängigkeit von den Verarbeitungsbedingungen
1960. 63 Seiten, 30 Abb., 8 Tabellen. DM 18,90

HEFT 884
Dr. rer. nat. Hans van Haut und Dr. rer. nat. Dipl.-Chem. Heinrich Stratmann, Kohlenstoffbiologische Forschungsstation e. V., Essen-Bredeney
Experimentelle Untersuchungen über die Wirkung von Schwefeldioxyd auf die Vegetation
1960. 63 Seiten, 27 Abb., 1 Tabelle. DM 18,80

HEFT 932
Prof. Dr. Ernst Jenckel † und Dr. Alfred Nogaj, Physikalisch-Chemisches Institut der Rhein.-Westf. Technischen Hochschule Aachen
Die anormale Diffusion in dem System Polystyrol-Toluol
1961. 42 Seiten, 27 Abb., 3 Tabellen. DM 13,50

HEFT 999
*Prof. Dr. Franz Lotze, Geologisch-Paläontologisches Institut der Universität Münster
Prof. Dr. Walter Semmler, Dr. Klaus Kötter und Franz Mausolf †, Essen*
Hydrogeologie des Westteils der Ibbenbürener Karbonscholle
1962. 113 Seiten, 45 Abb., 8 Tabellen. DM 36,90

HEFT 1001
*Dipl.-Phys. Günter Langner, Institut für Elektronenmikroskopie an der Medizinischen Akademie Düsseldorf
Direktor: Prof. Dr. med. H. Ruska*
Die Informationsübertragung bei der Mikroskopie mit Röntgenstrahlen
1961. 125 Seiten, 7 Abb. DM 37,—

HEFT 1046
Dr. Robert Haug, Forschungsinstitut für Pigmente und Lacke e. V., Stuttgart
Die Bestimmung des Agglomerationszustandes von trockenen und dispergierten Pigmenten und dessen Zusammenhang mit anwendungstechnischen Eigenschaften
1961, 49 Seiten, 13 Abb., 19 Tabellen, DM 17,60

HEFT 1051
Cand. ing. Harmut Bossel, Cand. ing. Walter Heil und Dipl.-Ing. Alfred Puck, Deutsches Kunststoff-Institut Darmstadt
Festigkeit und Steifigkeit von Papierwaben bei Druck- und Schubbeanspruchung
1962. 73 Seiten, 33 Abb., 3 Tabellen. DM 24,80

HEFT 1085
Prof. Dr. phil. habil. Carl Kröger, Dr. rer. nat. Heinz Meier zu Köcker und Dipl.-Chem. Richard Meltzow, Institut für Brennstoffchemie an der Technischen Hochschule Aachen
Untersuchung des Einflusses physikalischer und chemischer Faktoren auf die Verbrennung flüssiger Brennstoffe unter erhöhtem Sauerstoffdruck
1962. 62 Seiten, 53 Abb., 11 Tabellen. DM 31,40

HEFT 1096
Dr.-Ing. Kamillo Konopicky und Dipl.-Chem. Emil Karl Köhler, Forschungsinstitut der Feuerfest-Industrie, Bonn
Die Veränderung der keramisch-technologischen Eigenschaften und des Mineralaufbaues verschiedener Tone beim Brennen
1962. 46 Seiten, 23 Abb., 3 Tabellen. DM 27,50

HEFT 1108
Prof. Dr. Dr. h. c. Hans Paul Kaufmann und Dr. Eugen Schmülling, Institut für Industrielle Fettforschung, Münster
Beiträge zur Chemie und Technologie der Fetthärtung II
1962. 77 Seiten, 23 Abb., 37 Tabellen. DM 32,—

HEFT 1109
Prof. Dr. Dr. h. c. Hans Paul Kaufmann und Dr. Adelheid Tobschirbel, Institut für Industrielle Fettforschung, Münster
Oxydative Veränderungen von Fetten
1962. 59 Seiten, 7 Abb., 10 Tabellen. DM 22,—

HEFT 1114
Dipl.-Chem. Dr. phil. Siegfried Eckhard und Dipl.-Phys. Walter Baum, Max-Planck-Institut für Eisenforschung, Düsseldorf
Über ein physikalisches Verfahren zur Bestimmung des Wasserstoffs im ternären Gemisch mit Stickstoff und Kohlenmonoxyd
1962. 63 Seiten, 31 Abb. DM 39,80

HEFT 1136
Prof. Dr.-Ing. Wilhelm Husmann,
Emschergenossenschaft und Lippeverband, Essen
Chemische und biologische Auswirkungen der Abwasserbelastung des Rheines und Feststellung der Minderung seiner Selbstreinigungskraft
1963. 137 Seiten, 55 Abb., 21 Anlagen, 1 Falttafel. DM 69,50

HEFT 1141
Prof. Dr. phil. Dr. rer. nat. h.c. Burckhardt Helferich,
Chemisches Institut der Universität Bonn
Arbeiten auf dem Gebiet der Sulfonsäuren, insbesondere der ein- und mehrwertigen aliphatischen Sulfonsäuren
1963. 21 Seiten. DM 8,40

HEFT 1142
Prof. Dr. phil. habil. Carl Kröger,
Institut für Brennstoffchemie der Technischen Hochschule Aachen
Eigenschaften von Hochvakuumteeren, Extrakten und Restkohlen sowie von Chlorierungs- und Sulfonierungsprodukten der Steinkohlen
1963. 56 Seiten, 24 Abb., 24 Tabellen. DM 32,—

HEFT 1153
Prof. Dr.-Ing. Wilhelm Husmann,
Dr. rer. nat. Franz Malz und Helmut Jendreyko,
Emschergenossenschaft, Essen
Beseitigung von Detergentien aus Abwässern und Gewässern
1963. 127 Seiten, 33 Abb., 53 Tabellen. DM 54,80

HEFT 1165
Dr.-Ing. Dietrich George und
Dr. rer. nat. Joachim Karweil,
Bergbau-Forschung, Essen
Herstellung eines reaktionsfähigen Steinkohlenkokses für die Schwefelkohlenstoffgewinnung
1963. 29 Seiten, 4 Abb. DM 10,80

HEFT 1168
Dr. rer. nat. Dipl.-Chem. Max Friedrich,
Forschungsstelle für Brandschutztechnik an der Technischen Hochschule Karlsruhe
Untersuchungen über das Verhalten und die Wirkungsweise verschiedener Trockenlöschmittel
1963. 53 Seiten, 22 Abb., 2 Tabellen. DM 24,80

HEFT 1177
Ord. Prof. Dr. techn. habil. Dipl.-Ing. Joseph Holluta und Dipl.-Chem. Irmgard Brune, Karlsruhe
Untersuchungen über die Mineralöslast des Niederrheins und deren Herkunft
1963. 83 Seiten, 16 Abb., 32 Tabellen. DM 26,—

HEFT 1184
Dr. rer. nat. Dipl.-Chem. Heinrich Stratmann,
Forschungsinstitut für Luftreinigung e. V., Essen
Freilandversuche zur Ermittlung von Schwefeldioxydwirkungen auf die Vegetation II. Teil: Messung und Bewertung der SO_2-Immissionen
1963. 69 Seiten, 11 Abb., 52 Tabellen. DM 33,80

HEFT 1187
Dr. rer. nat. Fritz Glaser und Dipl.-Chem. Gerd Collin,
Institut für chemische Technologie der Rhein.-Westf. Technischen Hochschule Aachen
Über rechnerische Methoden zur Feststellung wesentlicher Gleichgewichtswerte der chemischen Thermodynamik am Beispiel von organischen Stickstoffverbindungen
1963. 127 Seiten, zahlreiche Tabellen und Formeln. DM 73,20

HEFT 1188
Dr. rer. nat. Fritz Glaser und Dr. rer. nat. habil. Hans-Georg Schäfer, Institut für chemische Technologie der Rhein.-Westf. Technischen Hochschule Aachen
Über die Aufarbeitung von Rückständen aus der Altschmierölraffination
1964. 39 Seiten, 3 Abb., 13 Tabellen. DM 16,50

HEFT 1206
Prof. Dr. Fritz Micheel, Dr. Helmut Schweppe,
Dr. Paul Albers, Dr. Wolfgang Schminke und
Dr. Wilhelm Leifels,
Organisch-chemisches Institut der Universität Münster
Papierchromatographische Trennung hydrophober Substanzen mit Cellulose-Ester-Papieren
Prof. Dr. Fritz Micheel, Dr. Siegfried Thomas,
Dr. Horst Haneke und Walter Meckstroth,
Organisch-chemisches Institut der Universität Münster
Ein neues Verfahren zur Peptid-Synthese Oxazolidonverfahren
1963. 55 Seiten, 29 Abb., 10 Tabellen. DM 29,80

HEFT 1207
Prof. Dr. Dr. h. c. Hans Paul Kaufmann und
Dr. Horst Schnurbusch,
Deutsches Institut für Fettforschung, Münster
Die Umesterung von Fetten und Ölen
1963. 40 Seiten, 8 Abb., 18 Tabellen. DM 15,80

HEFT 1208
Forschungsinstitut für Pigmente und Lacke e.V., Stuttgart, Leiter: Prof. Dr. Karl Hamann
Untersuchung über die Einwirkung der verschiedenen Bewitterungseinflüsse auf Anstrichfilme
Teil A: Dr. Klaus Gulbins
Über die chemische Veränderung von Lackfilmen, insbesondere von Äthylcellulose, unter der Einwirkung von UV-Licht
Teil B: Dr. Karl-Heinz Reichert, Dipl.-Chem. Klaus Nollen
Untersuchung des Gehaltes an Cis- und Trans-Strukturen in ungesättigten Polyestern mit Hilfe der Infrarotspektroskopie
1963. 79 Seiten, 17 Abb., 15 Tabellen. DM 45,50

HEFT 1213
Dr. rer. nat. Wilhelm Fischer und Dr. rer. nat. Lothar Jaehn, Prüf- und Forschungsinstitut für die Schuhherstellung, Pirmasens
Untersuchung der Beeinflussung der Adhäsions- und Kohäsionsenergie von Klebstoffen
1963. 27 Seiten, 8 Abb., 3 Tabellen. DM 14,—

HEFT 1218
Prof. Dr.-Ing. Dr. rer. nat. h. c. Wilhelm Reerink, Dr. rer. nat. Kurt-Günther Beck und Dr.-Ing. Wilhelm Weskamp, Steinkohlenbergbau-Verein, Essen
I. Die Versuchskokerei des Steinkohlenbergbau-Vereins
II. Der Einfluß der Heizzugtemperatur auf die Hochtemperaturverkokung im Horizontalkammerofen bei Schüttbetrieb
1963. 104 Seiten, 67 Abb., 13 Tabellen. DM 56,—

HEFT 1219
Prof. Dr. Karl-Dietrich Gundermann, Dr. Roswitha Huchting, Dr. Gerhard Holtmann, Dr. Hans-Joachim Rose, Dr. Christian Burba und Dipl.-Chem. Helmut Schulze, Organisch-chemisches Institut der Universität Münster
Untersuchungen an Iso-und Heterocyclen niedriger Ringgröße
1963. 46 Seiten, 5 Abb. DM 29,80

HEFT 1239
Dipl.-Geol. Dr.-Ing. Gert Michel, Geologisches Landesamt Nordrhein-Westfalen, Krefeld
Untersuchungen über die Tiefenlage der Grenze Süßwasser—Salzwasser im nördlichen Rheinland und anschließenden Teilen Westfalens, zugleich ein Beitrag zur Hydrogeologie und Chemie des tiefen Grundwassers
1963. 131 Seiten, 12 Abb., 10 Tabellen, zahlreiche Anlagen. DM 71,—

HEFT 1251
Dr.-Ing. Werner Noack, Emschergenossenschaft, Essen
Die Schlammbehandlung in städtischen Kläranlagen unter besonderer Berücksichtigung der Schlammvergasung
1964. 84 Seiten, 25 Abb., 10 Tabellen. DM 43.—

HEFT 1256
Prof. Dr. rer. nat. Günther O. Schenck und Dr. rer. nat. Klaus Gollnick, Max-Planck-Institut für Kohlenforschung, Abteilung Strahlenchemie, Mülheim-Ruhr
Über die schnellen Teilprozesse photosensibilisierter Substrat-Übertragungen.
Untersuchungen über Chemismus und Kinetik der durch Xanthenfarbstoffe photosensibilisierten O_2-Übertragungen
1963. 141 Seiten, zahlreiche Abbildungen und Tabellen. DM 87,—

HEFT 1274
Dr. Erno Wieser und Prof. Dr. Ernst Jenckel †, Institut für physikalische Chemie der Rhein.-Westf. Technischen Hochschule Aachen
Die Spannungskorrosion von Polymethacrylsäuremethylester und ihre Ursachen
1964. 48 Seiten, 4 Tabellen, 18 Diagramme. DM 22,70

HEFT 1303
Dipl.-Chem. Dr. rer. nat. Bernhard Fell, und Dipl.-Chem. Reinhard Ulbrich, im Auftrag von Prof. Dr.-Ing. habil. Friedrich Asinger, Institut für Technische Chemie der Rhein.-Westf. Technischen Hochschule Aachen
Synthesen mit Kohlenmonoxyd. Darstellung von Formamidderivaten und Heterocyclen durch Umsetzung organischer Stickstoffbasen mit Kohlenmonoxyd unter Druck
In Vorbereitung

HEFT 1325
Prof. Dr. G. Fritz, Anorganisch-Chemisches Institut der Universität Münster i. W., jetzt Institut für Anorganische Chemie und Analytische Chemie der Universität Gießen
Untersuchungen an Silicium-methylenen und Silicium-Phosphor-Verbindungen

HEFT 1361
U. Zorll, Forschungsinstitut für Pigmente und Lacke e.V., Stuttgart, Leiter: Prof. Dr. K. Hamann
Ein Torsionsschwingungsgerät zur Bestimmung viskoelastischer Kerngrößen von Anstrichfilmen
In Vorbereitung

HEFT 1389
Prof. Dr. Schmitz-Du Mont, Hedwig Brokopf, K. Burkhardt und Dirk Reinen, Anorganisch-Chemisches Institut der Universität Bonn
Farbe und Konstitution anorganischer Feststoffe (Pigmente)
I. Über die Lichtabsorption des zweiwertigen Kobalts nach isomorphem Einbau in oxidische Wirtsgitter
In Vorbereitung

Verzeichnisse der Forschungsberichte aus folgenden Gebieten können beim Verlag angefordert werden: Acetylen/Schweißtechnik – Arbeitswissenschaft – Bau/Steine/Erden – Bergbau – Biologie – Chemie – Eisenverarbeitende Industrie – Elektrotechnik/Optik – Energiewirtschaft – Fahrzeugbau/Gasmotoren – Farbe/Papier/Photographie – Fertigung – Funktechnik/Astronomie – Gaswirtschaft – Holzbearbeitung – Hüttenwesen/Werkstoffkunde – Kunststoffe – Luftfahrt/Flugwissenschaften – Luftreinhaltung – Maschinenbau – Mathematik – Medizin/Pharmakologie/NE-Metalle – Physik – Rationalisierung – Schall/Ultraschall – Schiffahrt – Textiltechnik/Faserforschung/Wäschereiforschung – Turbinen – Verkehr – Wirtschaftswissenschaft.

WESTDEUTSCHER VERLAG · KÖLN UND OPLADEN
567 Opladen/Rhld., Ophovener Straße 1–3

GPSR Compliance
The European Union's (EU) General Product Safety Regulation (GPSR) is a set of rules that requires consumer products to be safe and our obligations to ensure this.

If you have any concerns about our products, you can contact us on

ProductSafety@springernature.com

In case Publisher is established outside the EU, the EU authorized representative is:

Springer Nature Customer Service Center GmbH
Europaplatz 3
69115 Heidelberg, Germany

www.ingramcontent.com/pod-product-compliance
Ingram Content Group UK Ltd.
Pitfield, Milton Keynes, MK11 3LW, UK
UKHW061658190726
13853UKWH00008B/2272

* 9 7 8 3 6 6 3 0 6 5 0 0 5 *